JN026838

ブイロイドスタジオ
# VRoid Studio
## ではじめる
# 3Dキャラクター
制作 入門

中村尚志 著

Beginner's Guide to Producing
3D Characters in VRoid Studio

インプレス

# はじめに

　VRoid Studio は革新的なアプリケーションです。ピクシブ株式会社が 2018 年に公開した 3D キャラクターを制作するためのアプリケーションで、プリセットアイテムと呼ばれるものを選ぶだけで、誰でも簡単に 3D キャラクターを作れます。

「VTuber として使用するオリジナル 3D キャラクターを作りたい」
「VR ゲーム内で使用するオリジナルな 3D キャラクターが欲しい」
「CLIP STUDIO で漫画を描くときに使う 3D キャラクターを自分で作りたい」
これらの希望は VRoid Studio を使うことで叶えることが可能です。

　本書は上記のような 3D キャラクター制作に興味を持った方に向けて、VRoid Studio で 3D キャラクターを制作する方法を解説しています。簡単なマウス操作と数値入力だけで制作する基本的な方法から、服や髪のデザインと色を少しずつ改変する方法、写真の人物を参考にして 3D キャラクターを作る方法、ミニキャラや帽子作りなどの応用的な操作と、一通りの使い方を解説しています。

　VRoid Studio はシンプルな画面構成なので、はじめて 3D キャラクター制作に挑戦する方でも、とっつきやすいアプリケーションです。簡単な 3D キャラクターであれば、10 分もかからずに作ることが可能です。ぜひ実際に一緒に手を動かしながら学んでいければ嬉しいです。

　また、サンプルとしてさまざまな 3D キャラクターとその設定項目を掲載しています。本書で操作方法を学んだあとは、ぜひ皆さんオリジナルの 3D キャラクターを作成してみてください。

　本書を通して、3D キャラクター制作の操作に慣れつつ、自分だけの動く 3D キャラクターを作る喜びが伝われば幸いです。

2023 年 12 月　中村尚志

# CONTENTS

## Chapter 1 操作の基本を学ぼう

## Chapter 2 オリジナルの服を作ろう

## Chapter 3 髪型をアレンジしよう

VRoid Studioの講座を始めるよ

VRoid Studio 学園

最初に聞きたいんだけど

みんなはなんで3Dキャラクターを作りたいのかな？

俺はVTuberがやってみたいから自作のモデルを作りたいんだ

私は趣味で漫画を描いてるんだけど

3Dキャラクターを使うとより簡単に漫画が描けるって聞いて

とくに作りたいキャラクターが
いるわけではないんです……

予備知識も
ゼロだし……

どんなキャラクターが
作れるのかを知りたくて

なるほど
みんなそれぞれだね

この本では
実際に一緒にモデルを作りながら
VRoid Studioのさまざまな機能を
1つ1つ紹介していくね

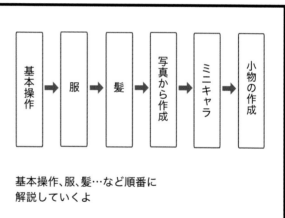

基本操作 → 服 → 髪 → 写真から作成 → ミニキャラ → 小物の作成

基本操作、服、髪…など順番に
解説していくよ

みんなが作りたいモデルにも
応用してね

ではさっそく
始めよう!!

# VRoid Studio とは

VRoid Studio は、Windows、macOS、iPad で使用できる 3D キャラクター（モデル）を制作するためのアプリケーションです。VRoid Studio には、3D キャラクターを構成する顔や髪、服などのアイテムが豊富に用意されており、マウス操作だけでモデルを作ることができます。

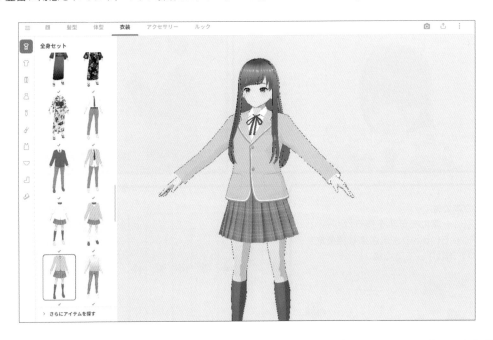

作ったモデルは、メタバースサービスのアバターとして利用したり、VTuber モデルにしたり、BOOTH などのサービスで販売したりとさまざまな用途に活用できます。VRoid Studio の基本操作を覚え、オリジナルのモデル作りに挑戦してみましょう。

## VRoid Studio のガイドライン

VRoid Studio で作成したモデルは、商用・非商用を問わずさまざまな用途に利用できます。具体的な利用例は、ガイドラインにも記載があります。

### ガイドライン

https://vroid.com/studio/guidelines

また、メタバースサービスなどでは、知的財産権を侵害する可能性のあるアバター（アニメやゲームのキャラクターなど）の利用を禁止している場合があります。VRoid Studio 以外で作成したモデルを利用する場合は、そのサービスの利用規約を確認しましょう。

# VRoid Studioのインストール

本書では、Windows版とmacOS版での操作手順を解説します。インストール方法はいくつかありますが、ここでは公式サイトからインストーラーをダウンロードして、インストールしていきます。

## ◈ VRoid Studio 公式サイト

https://vroid.com/studio

本書では、バージョン1.23.2のVRoid Studioを利用します。公式サイトでページを下にスクロールするとバージョンごとのインストーラーのリンクがあるので、ご利用環境に合わせたインストーラーをダウンロードしてください。

インストーラーをダウンロードしたあと、Windows版はP.10、macOS版はP.11の手順にしたがって、インストールを進めてください。

## Windowsの場合

　ダウンロードした「VRoidStudio-v1.23.2-win.exe」を実行し、インストールを行います。次のような
手順で進めると、インストール後にVRoid Studioが起動します。

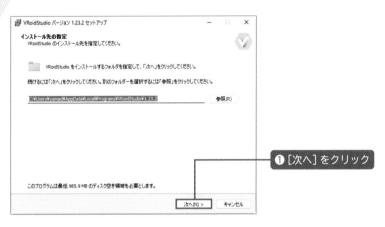

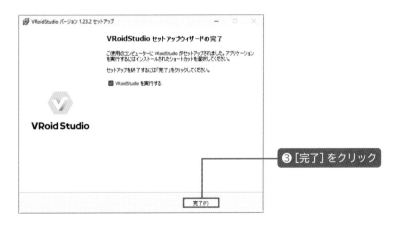

また、デスクトップにアイコンが追加されるので、初回起動以降はアイコンをダブルクリックして VRoid Studio を起動させましょう。

## macOSの場合

　ダウンロードした「VRoidStudio-v1.23.2-mac.dmg」を実行すると、インストール画面が表示されます。次のようにアイコンをドラッグすることで、「アプリケーション」フォルダに [VRoidStudio] が追加されます。

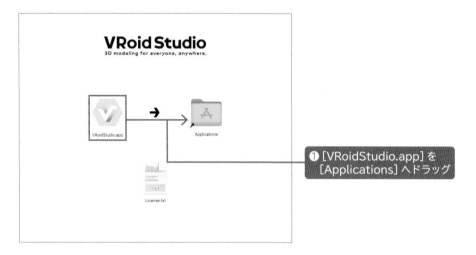

❶[VRoidStudio.app] を [Applications] へドラッグ

　Vroid Studio を起動するときには、Launchpad を利用するとよいでしょう。

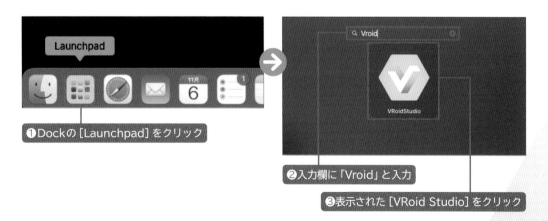

❶Dockの [Launchpad] をクリック

❷入力欄に「Vroid」と入力

❸表示された [VRoid Studio] をクリック

# 本書のサンプルデータについて

　本書の手順解説に使用するサンプルデータは、本書サポートページからダウンロードできます。Web
ブラウザで下記のURLにアクセスし、「●ダウンロード」の項目から入手してください。ファイルはzip
形式で圧縮しているので、展開してからご利用ください。

### ● 本書サポートページ

https://book.impress.co.jp/books/1122101075

　サンプルのモデルデータは、VRoid Studioのトップ画面で［開く］から開きたいデータを選択してく
ださい。

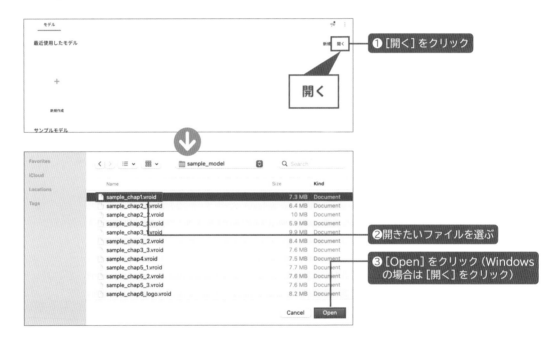

　サンプルデータは、下記のような形で3つのフォルダに分かれています。

### ● texture
学習に使用する画像（テクスチャ）データが入っています。

### ● base_model
学習に使用するモデルデータが入っています。

### ● sample_model
完成したモデルデータが入っています。

# Chapter 1

操作の基本を
学ぼう

# 01

# プリセットアイテムだけで モデルを作ろう

VRoid Studio の使い方とモデルを作る流れを理解しながら、プリセットアイテムのみ でモデルを作ってみましょう。

 じゃあ最初にプリセットアイテムだけで一緒にモデルを作っていこう

え、いきなりですか？

 うん。選んでいくだけでいい感じのモデルができるよ。早ければ作業時 間は15分くらいかな

それなら簡単そうですね

 実際に手を動かしながら VRoid Studio の操作の流れをざっくり理解して いこう

　本書では、VRoid Studio を使って作成する 3D キャラクターをモデルと表現します。ここでは次の女 性モデルを一緒に作ってみましょう。筆者が厳選したプリセットアイテム（モデルのパーツ）を選び、 色や位置を調整するだけで作成できます。

VRoid Studioには、あらかじめプリセットアイテムと呼ばれる目や髪などのアイテムが用意されています。個々のプリセットアイテムには名前がないため、本書では番号を付けて表現しています。プリセットアイテムの一覧をダウンロード付録として配布しているので、そちらも参考にしてください。

なお、本書はバージョン1.23.2のVRoid Studioを使用しています。それ以外のバージョンを使用されている場合はアイテムの並び順（番号）が変わる可能性がありますのでご注意ください。

### ■筆者が厳選したプリセットアイテム

| カテゴリー | 部位 | 選択アイテム | カテゴリー | 部位 | 選択アイテム |
|---|---|---|---|---|---|
| 髪型 | 前髪 | 23（横流し） | 顔 | 瞳 | 4（瞳孔が薄茶色） |
| 髪型 | 後髪 | 17（ロング） | 顔 | まゆげ | 7（少し太め） |
| 衣装 | 全身セット | 46（ブレザー） | 顔 | アイライン | 25（2つはね） |
| 顔 | 顔セット | 4（目が大きめ） | 顔 | まつげ | 1（シンプル） |
| 顔 | 目セット | 6（キラキラ） | 顔 | 鼻 | 8（ハイライトのみ） |

**Flow**

1. モデル作成の全体の流れを理解しよう
2. プリセットアイテムの設定方法について学ぼう
3. モデルの写真（画像）を撮ってみよう

## モデルの作成をはじめよう

VRoid Studioを起動し、モデルの新規作成からはじめていきます。まずは、VRoid Studioを起動してください。

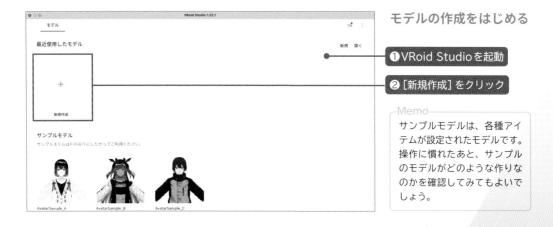

**モデルの作成をはじめる**

❶VRoid Studioを起動

❷［新規作成］をクリック

**Memo**

サンプルモデルは、各種アイテムが設定されたモデルです。操作に慣れたあと、サンプルのモデルがどのような作りなのかを確認してみてもよいでしょう。

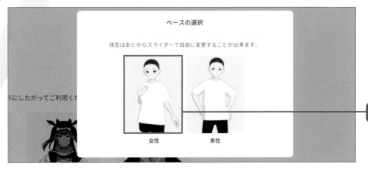

## ベースを選択する

モデルのベースは、[女性][男性]の2種類があります。ここでは女性をベースに作成を進めます。

❶ [女性] をクリック

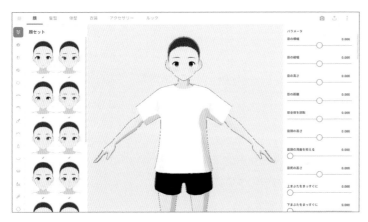

## 作成画面が表示される

画面の中央にモデルのプレビュー、左側にプリセットアイテム、右側に選択しているアイテムの位置や大きさなどを調整するための数値が表示されます。

## モデルのプレビューを調整する

プレビューのエリア上にマウスカーソルがある状態で、マウスホイールを動かしたり、右クリックをしながらドラッグしたりすることで、プレビューの視点が変わります。

ホイール：拡大縮小

Shift ＋左クリック＋ドラッグもしくはホイールクリック＋ドラッグ：視点の移動

右クリック＋ドラッグ：視点の回転

## 髪型を選ぼう

　髪型は、前髪や後髪、もみあげ、頭部のアホ毛など、いくつかのアイテムに分かれています。ここでは前髪と後髪をそれぞれプリセットアイテムから選びます。設定するアイテムに応じて、P.16のコラムを参考にモデルを拡大縮小したり、回転させたりしながら確認しましょう。

　なお、ダンロード付録のプリセットアイテムの一覧では、リストの上から順番に番号を振っています。本書で使用しているバージョン1.23.2と異なるバージョンを使用している場合、並び順が異なっている場合がありますのでご注意ください。

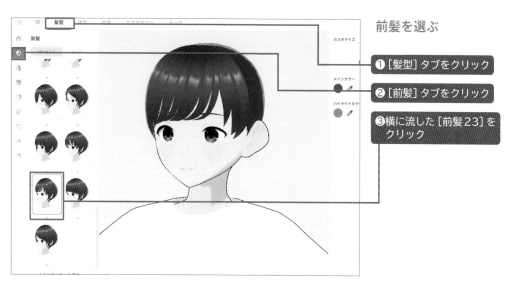

前髪を選ぶ

① [髪型] タブをクリック

② [前髪] タブをクリック

③横に流した [前髪23] を
　クリック

後髪を選ぶ

① [後髪] タブをクリック

②ロングの [髪型17] を
　クリック

## 衣装を選ぼう

服（衣装）はトップスやボトムスを個別に選ぶこともできますが、全身セットの項目から選ぶと上から下までがワンセットの衣装を設定できます。ここでは、全身セットの制服（ブレザー）を選びましょう。

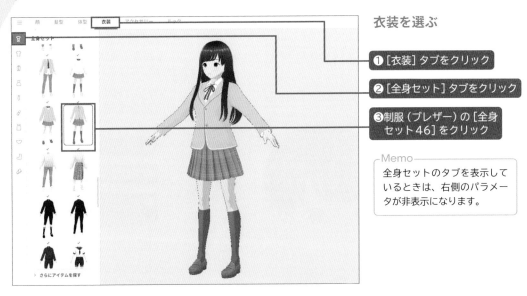

衣装を選ぶ

❶［衣装］タブをクリック

❷［全身セット］タブをクリック

❸制服（ブレザー）の［全身セット46］をクリック

─Memo─
全身セットのタブを表示しているときは、右側のパラメータが非表示になります。

## 顔のアイテムを選ぼう

ここから顔のアイテムの位置や大きさを調整します。選択しているパーツの数値を画面右側に表示されるメニューから変更できます。顔セットからベースとなる顔パーツの組み合わせを選び、そのあと目や口などのパーツを調整していきましょう。

顔セットを選ぶ

❶［顔］タブをクリック

❷［顔セット］タブをクリック

❸キラキラした瞳が特徴の［顔セット4］をクリック

## 目セットを選ぶ

**①** [目セット] タブをクリック

**②** はっきりしたハイライトが特徴の [目セット6] をクリック

—Memo—
パラメータを調整することで、目の大きさや傾きなども調整できます（P.21参照）。

## 瞳を選ぶ

中心部の濃さが薄い瞳で少し印象を変えます。

**①** [瞳] タブをクリック

**②** 中心が透き通った [瞳4] をクリック

## まゆげを選ぶ

少し太めでナチュラルなまゆげを選びます。

**①** [まゆげ] タブをクリック

**②** 少し太めの [まゆげ7] をクリック

## アイラインを選ぶ

アイラインとは、目のふちに引く線のことです。ここではシンプルなものを選びます。

❶[アイライン]タブをクリック

❷シンプルな外ハネ風が特徴の[アイライン25]をクリック

## まつげを選ぶ

目尻でワンポイントになるようなものを選びます。

❶[まつげ]タブをクリック

❷目尻が1本はねたシンプルな[まつげ1]をクリック

## 鼻を選ぶ

鼻はシンプルな白色のハイライトの表現にします。

❶[鼻]タブをクリック

❷白色ハイライトの[鼻8]をクリック

# 各種パラメータを変更しよう

ここから顔の各アイテムの位置や大きさを調整します。アイテムの位置や大きさは画面の右側に表示されるパラメータで設定できます。各項目のスライダーの〇部分を左右に動かすか、数値を直接入力して変更します。

スライダーの〇を左右に動かすか、数値を入力してパラメータを変更する

## 顔アイテムのパラメータを変更しよう

まずは顔のパラメータを変更していきましょう。さまざまなパラメータがあるので、スクロールして該当の項目のみを変更してください。

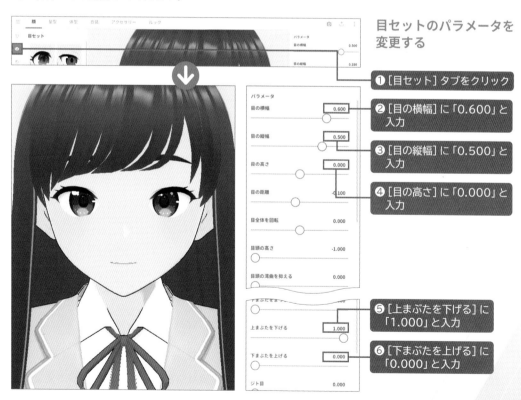

目セットのパラメータを変更する

❶ [目セット]タブをクリック

❷ [目の横幅]に「0.600」と入力

❸ [目の縦幅]に「0.500」と入力

❹ [目の高さ]に「0.000」と入力

❺ [上まぶたを下げる]に「1.000」と入力

❻ [下まぶたを上げる]に「0.000」と入力

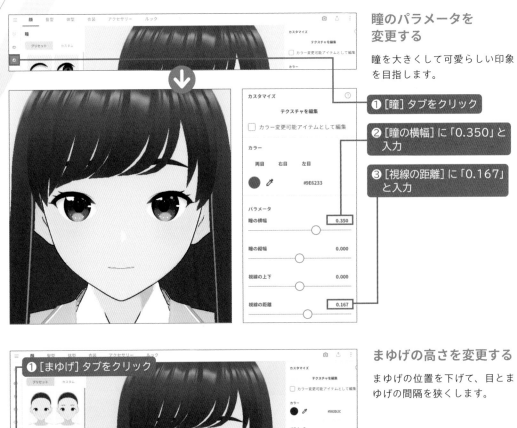

## 瞳のパラメータを変更する

瞳を大きくして可愛らしい印象を目指します。

❶ [瞳] タブをクリック

❷ [瞳の横幅] に「0.350」と入力

❸ [視線の距離] に「0.167」と入力

## まゆげの高さを変更する

まゆげの位置を下げて、目とまゆげの間隔を狭くします。

❶ [まゆげ] タブをクリック

❷ [まゆげの高さ] に「-0.450」と入力

顔の変更した各種パラメータを次の表にまとめておきます。変更前と変更後のパラメータを記載しているので、初期状態と比較したい場合などに活用してください。

■顔のパラメータ変更箇所

| カテゴリー | 部位 | パラメータ | 変更前 | 変更後 |
|---|---|---|---|---|
| 顔 | 目セット | 目の横幅 | 0.500 | 0.600 |
| 顔 | 目セット | 目の縦幅 | 0.350 | 0.500 |
| 顔 | 目セット | 目の高さ | -0.200 | 0.000 |
| 顔 | 目セット | 上まぶたを下げる | 0.150 | 1.000 |
| 顔 | 目セット | 下まぶたを上げる | 0.400 | 0.000 |
| 顔 | 瞳 | 瞳の横幅 | 0.000 | 0.350 |
| 顔 | 瞳 | 視線の距離 | 0.000 | 0.167 |
| 顔 | まゆげ | まゆげの高さ | 0.000 | -0.450 |

## 体型のパラメータを変更しよう

[体型]タブでは、顔の大きさや首の長さ、足の長さなど体型に関する項目を設定できます。ここでは、[頭の横幅]のみを調整します。

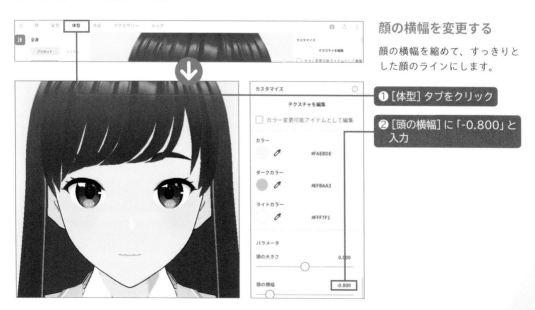

**顔の横幅を変更する**

顔の横幅を縮めて、すっきりとした顔のラインにします。

❶ [体型]タブをクリック

❷ [頭の横幅]に「-0.800」と入力

■体型のパラメータ変更箇所

| カテゴリー | 部位 | パラメータ | 変更前 | 変更後 |
|---|---|---|---|---|
| 体型 | 全身 | 頭の横幅 | 0.000 | -0.800 |

## ルックのパラメータを変更しよう

[ルック] タブでは、モデルの全体的な線の太さや影の付け方などを設定できます。ここではアウトラインと呼ばれる輪郭線と陰影を設定します。

### アウトラインを変更する

髪のアウトラインも顔や体と同じ太さにして、デフォルメ感を強めます。

❶ [ルック] タブをクリック

❷ [アウトライン] タブをクリック

❸ 髪の [アウトラインの太さ] に「0.080」と入力

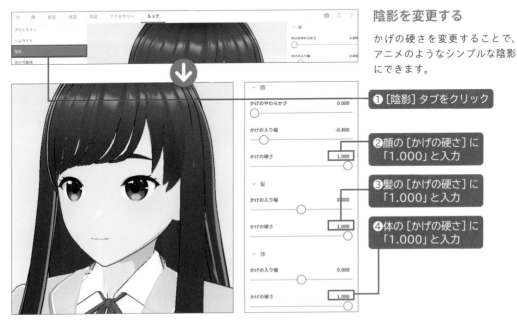

### 陰影を変更する

かげの硬さを変更することで、アニメのようなシンプルな陰影にできます。

❶ [陰影] タブをクリック

❷ 顔の [かげの硬さ] に「1.000」と入力

❸ 髪の [かげの硬さ] に「1.000」と入力

❹ 体の [かげの硬さ] に「1.000」と入力

■ ルックの変更箇所

| カテゴリー | 部位 | パラメータ | 変更前 | 変更後 |
|---|---|---|---|---|
| アウトライン | 髪 | アウトラインの太さ | 0.000 | 0.080 |
| 陰影 | 顔 | かげの硬さ | 0.900 | 1.000 |
| 陰影 | 髪 | かげの硬さ | 0.600 | 1.000 |
| 陰影 | 体 | かげの硬さ | 0.900 | 1.000 |

## アイテムの色を変更しよう

最後に瞳、まゆげ、髪の色を変更しましょう。

**瞳の色を変更する**

優しい雰囲気になるように、薄いピンク色にします。

❶ [顔] タブをクリック

❷ [瞳] タブをクリック

❸ カラーに「E6B9C6」と入力

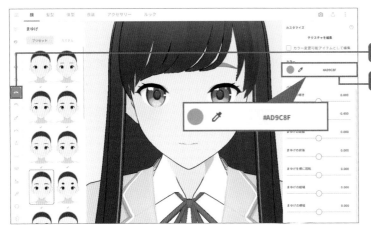

**まゆげの色を変更する**

❶ [まゆげ] タブをクリック

❷ カラーに「AD9C8F」と入力

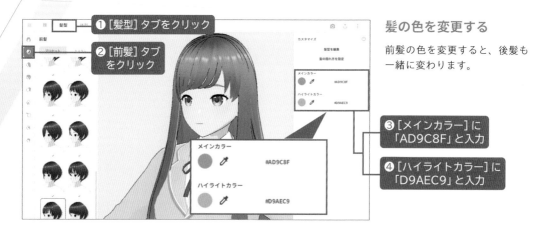

**髪の色を変更する**

前髪の色を変更すると、後髪も一緒に変わります。

① [髪型] タブをクリック

② [前髪] タブをクリック

③ [メインカラー]に「AD9C8F」と入力

④ [ハイライトカラー]に「D9AEC9」と入力

### ■色の変更箇所

| カテゴリー | 部位 | 変更前 | 変更後 |
|---|---|---|---|
| 顔 | 瞳 | ■9E6233 | ■E6B9C6 |
| 顔 | まゆげ | ■583D2C | ■AD9C8F |
| 髪 | メインカラー | ■825A46 | ■AD9C8F |
| 髪 | ハイライトカラー | ■DB8A3B | ■D9AEC9 |

これでモデルは完成です。最後に撮影画面でモデルを動かしてみましょう。

## ショートカットキー

プレビューの拡大縮小など、一部の機能はショートカットキーで操作できます。マウスにホイールがない場合など、ショートカットキーを使うとよいでしょう。ここでは一部だけ紹介しますが、公式サイトに一覧が記載されているので、そちらも確認してみてください。

### 公式サイトのショートカットキー一覧

https://vroid.pixiv.help/hc/ja/articles/900006050066-キーボードショートカット

### ■基本的なショートカットキー

| 操作 | Windowsの場合 | macOSの場合 |
|---|---|---|
| 元に戻す | Ctrl + Z | command + Z |
| やり直し | Ctrl + Shift + Z | command + Shift + Z |
| 拡大 | Ctrl + + | command + + |
| 縮小 | Ctrl + − | command + − |

# モデルを撮影してみよう

撮影では、作成したモデルにポーズを設定して、写真を撮影するように画像を出力することができます。また、風を吹かせて髪や服をなびかせることも可能です。実際に撮影してみましょう。

## 撮影画面へ移動する

❶［カメラ］をクリック

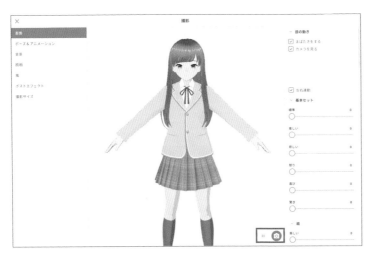

## 撮影の画面

撮影画面には、プレビューの右下にカメラボタンと一時停止ボタンがあります。カメラボタンをクリックすると画像が出力され、一時停止ボタンをクリックするとモデルのアニメーションが停止します。

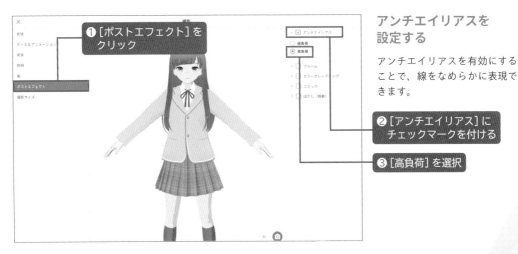

❶［ポストエフェクト］をクリック

## アンチエイリアスを設定する

アンチエイリアスを有効にすることで、線をなめらかに表現できます。

❷［アンチエイリアス］にチェックマークを付ける

❸［高負荷］を選択

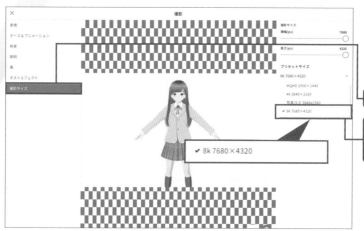

## 撮影サイズを設定する

出力する画像のサイズを指定します。ここでは一番大きい8Kを選びます。

**①** [撮影サイズ] をクリック

**②** [プリセットサイズ] から「8K 7680×4320」をクリック

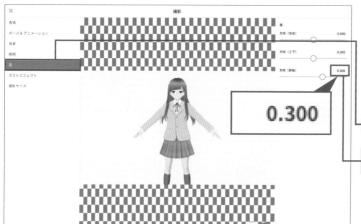

## 風を設定する

後ろから前に軽く風を吹かせます。アニメーションによっては、体に髪が埋もれてしまうのですが、風を吹かせることで埋もれにくくします。

**①** [風] をクリック

**②** [方向 (前後)] に「0.300」と入力

## ポーズ＆アニメーションを設定する

ここでは控えめな雰囲気で動きが小さめの [待機7] を選びます。

**①** [ポーズ＆アニメーション] をクリック

**②** [待機7] をクリック

## 撮影した画像を保存する

撮影画面のプレビューも P.16 と同じ方法でモデルの見え方を変えられるので、好みの距離感や角度を探してみましょう。

**❶カメラボタンで画像を保存**

—Memo—

停止ボタンでアニメーションを止めると撮影しやすいです。

## 画像が保存される

ファイル名を入力すると、画像が保存されます。このような画像が保存されました。なお、デフォルトのファイル名は、撮影した日時になっており、変更せずに保存しても構いません。

## ●撮影の設定項目

| カテゴリー | 項目 | 変更前 | 変更後 |
|---|---|---|---|
| ポストエフェクト | アンチエイリアス | オフ | オン（高画質） |
| 撮影サイズ | プリセット | ウィンドウに合わせる | 8K 7680×4320 |
| 風 | 方向（前後） | 0.000 | 0.300 |
| ポーズ＆アニメーション | 女性アニメーション | デフォルト | 待機7 |

## モデルのファイルを保存しよう

作成したモデルのデータを保存しておきましょう。モデルのデータは、vroidという形式のファイルで保存されます。保存は作成画面で行うため、画面左上の［×］をクリックして撮影画面を閉じましょう。

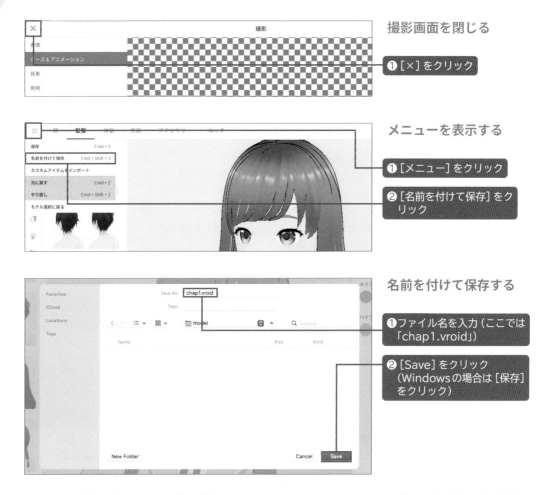

撮影画面を閉じる

❶［×］をクリック

メニューを表示する

❶［メニュー］をクリック

❷［名前を付けて保存］をクリック

名前を付けて保存する

❶ファイル名を入力（ここでは「chap1.vroid」）

❷［Save］をクリック（Windowsの場合は［保存］をクリック）

　これで入門編は完了です。実際に操作していくことで、VRoid Studioでモデルを作成する流れがざっくりと理解できたかなと思います。ただ、「ちょっと理想と違うなあ……」「ここはもっとこだわりたい」「この色や数値に変更した理由や根拠が知りたい」という箇所もあったと思います。このあとの章でモデルをアレンジしていく方法を説明しますので、一緒に挑戦していきましょう。

# プリセットアイテムで作れるモデルの例

モデル図鑑プリセットアイテムとパラメータの設定のみで作れるモデルの例を紹介します。

プリセットアイテムは便利ですけど、似たようなモデルばっかりになっちゃいませんか？

 そんなことはないよ。プリセットアイテムの組み合わせやパラメータの設定だけで、大きく雰囲気が異なるモデルを作れるんだ

えぇ～本当ですか？？

 雰囲気が違うモデルをいくつか作ってみたから、モデル作りの参考にしてほしいな

　ここでは雰囲気が異なる12のモデルを紹介しましょう。新規作成したモデルから、変更したプリセットやパラメータ（ルックを除く）のみを掲載します。ファンタジーな雰囲気のモデルから、リアル寄りなモデルまで、さまざまな種類があります。ぜひ、オリジナルのモデル作りの参考にしてください。

## ネコミミメイド

sample_chap1_girl1.vroid

| | |
|---|---|
| 瞳 | 4 |
| 瞳のハイライト | 2 |
| まゆげ | 15 |
| まぶた | 2 |
| アイライン | 6 |
| まつげ | 2 |
| 鼻 | 8 |
| 口紅 | 4 |
| | |
| 前髪 | 14 |
| 後髪 | 2 |
| つけ髪 | 10 |
| | |
| ワンピース | 31 |
| レッグウェア | 31 |
| 靴 | 44 |

アクセサリー
ネコミミ

### 顔のパラメータ

| 項目 | 数値 |
|---|---|
| 目の横幅 | 0.700 |
| 目の縦幅 | 0.400 |
| 目の高さ | 0.347 |
| 目頭の高さ | -0.500 |
| 目尻の高さ | 0.350 |
| 上まぶたを下げる | 0.500 |
| 下まぶたを上げる | 0.500 |
| ジト目 | 0.300 |
| まつげを下に向ける | 70.000 |
| まゆげの傾き | -0.150 |
| まゆげの高さ | -0.617 |
| 鼻の高さ | -0.400 |
| 鼻全体の高さ | -0.500 |
| 口の横幅 | 0.250 |
| 口の高さ | 0.250 |
| ほほの前後 | 0.500 |
| あごを丸める | 0.300 |

### 体型のパラメータ

| 項目 | 数値 |
|---|---|
| 身長の高さ（女性） | -0.034 |
| 頭の横幅 | -0.400 |

### ワンピースのパラメータ

| 項目 | 数値 |
|---|---|
| 肩を平らにする | 0.000 |
| 肩を膨らませる1 | 0.000 |
| 袖のシワを深くする | 100.000 |

### 各種カラー

| 項目 | 数値 |
|---|---|
| 瞳 | AC8587 |
| まゆげ | 978D73 |
| アイライン | F16A60 |
| まつげ | FFFFFF |
| 口紅 | F1B1AC |
| 髪のメインカラー | 93896E |
| 髪のハイライトカラー | 7A715B |
| ネコミミ | CCB58A |

## オフィスカジュアル

sample_chap1_girl2.vroid

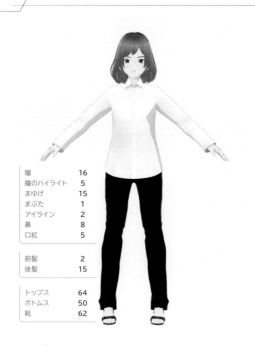

| | |
|---|---|
| 瞳 | 16 |
| 瞳のハイライト | 5 |
| まゆげ | 15 |
| まぶた | 1 |
| アイライン | 2 |
| 鼻 | 8 |
| 口紅 | 5 |
| | |
| 前髪 | 2 |
| 後髪 | 15 |
| | |
| トップス | 64 |
| ボトムス | 50 |
| 靴 | 62 |

### 顔のパラメータ

| 項目 | 数値 |
|---|---|
| 目の横幅 | 0.600 |
| 目の縦幅 | 0.500 |
| 目の高さ | 1.000 |
| 目の距離 | -0.100 |
| 目頭の高さ | -2.000 |
| 目尻の高さ | -0.619 |
| 下まぶたをまっすぐに | 0.101 |
| 上まぶたを下げる | 1.500 |
| 瞳の横幅 | -0.109 |
| 瞳の縦幅 | -0.392 |
| 視線の上下 | -0.467 |
| 視線の距離 | 0.135 |
| まゆげの傾き | -0.291 |
| まゆげの高さ | -1.000 |
| まゆげの横幅 | 0.079 |
| 鼻先の上下 | 0.423 |
| 鼻全体の高さ | -0.242 |
| 口の高さ | 0.502 |
| ほほの高さ | 1.000 |
| ほほの前後 | -1.000 |

| 項目 | 数値 |
|---|---|
| あごを丸める | 0.744 |

### 体型のパラメータ

| 項目 | 数値 |
|---|---|
| 頭の横幅 | -0.100 |

### ボトムス（衣装）のパラメータ

| 項目 | 数値 |
|---|---|
| ズボンのシワ | 100.000 |

### 各種カラー

| 項目 | 数値 |
|---|---|
| 瞳 | 6A6A6A |
| まゆげ | 978D73 |
| アイライン | 978D73 |
| まつげ | 6E5B4D |
| 口紅 | FA968E |
| 髪のメインカラー | 93896E |
| 髪のハイライトカラー | 7A715B |

# ファンタジーPPG

sample_chap1_girl3.vroid

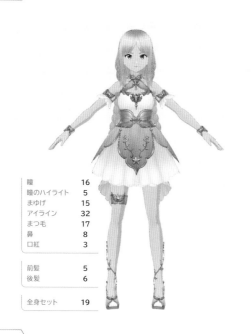

| 項目 | 数値 |
|---|---|
| 瞳 | 16 |
| 瞳のハイライト | 5 |
| まゆげ | 15 |
| アイライン | 32 |
| まつ毛 | 17 |
| 鼻 | 8 |
| 口紅 | 3 |
| 前髪 | 5 |
| 後髪 | 6 |
| 全身セット | 19 |

## 顔のパラメータ

| 項目 | 数値 |
|---|---|
| 目の横幅 | 0.600 |
| 目の縦幅 | 0.500 |
| 目の距離 | -0.100 |
| 目頭の高さ | -1.000 |
| 目尻の高さ | 0.650 |
| 上まぶたを下げる | 1.000 |
| 瞳の縦幅 | -0.158 |
| 視線の上下 | -0.033 |
| 視線の距離 | 0.017 |
| まゆげの傾き | -0.361 |
| まゆげの高さ | -1.300 |
| まゆげの距離 | -0.159 |
| 鼻の高さ | -0.529 |
| 鼻全体の高さ | -1.000 |
| ほほの前後 | 0.300 |

## 体型のパラメータ

| 項目 | 数値 |
|---|---|
| 身長の高さ（女性） | 0.034 |
| 頭の横幅 | -0.800 |

## 各種カラー

| 項目 | 数値 |
|---|---|
| 瞳 | 8997C5 |
| まゆげ | C7AFA2 |
| アイライン | 8A5443 |
| まつげ | 6E5B4D |
| 口紅 | CE635B |
| 肌のカラー | F5D6BC |
| 肌のダークカラー | E48F6A |
| 髪のメインカラー | FFE1D0 |
| 髪のハイライトカラー | 3E3E3E |

# ストリート系女子

sample_chap1_girl4.vroid

| 項目 | 数値 |
|---|---|
| 瞳 | 10 |
| 瞳のハイライト | 6 |
| まゆげ | 4 |
| まぶた | 1 |
| アイライン | 2 |
| 鼻 | 7 |
| 口紅 | 5 |
| 前髪 | 10 |
| 後髪 | 4 |
| トップス | 67 |
| ボトムス | 51 |
| レッグウェア | 25 |
| 靴 | 57 |

## 顔のパラメータ

| 項目 | 数値 |
|---|---|
| 目の横幅 | 0.600 |
| 目の縦幅 | 0.500 |
| 目の距離 | -0.347 |
| 目頭の高さ | -1.000 |
| 目尻の高さ | 1.000 |
| 下まぶたをまっすぐに | 0.564 |
| 上まぶたを下げる | 1.000 |
| 下まぶたを上げる | 1.500 |
| タレ目 | 0.194 |
| 瞳の横幅 | -0.175 |
| 瞳の縦幅 | -0.417 |
| 視線の上下 | -0.150 |
| 視線の距離 | 0.075 |
| まゆげの傾き | -0.220 |
| まゆげの高さ | -1.250 |
| まゆげの距離 | 0.211 |
| まゆげの縦幅 | 0.229 |
| ほほの前後 | 0.300 |
| あごを下げる | 0.295 |

## 体型のパラメータ

| 項目 | 数値 |
|---|---|
| 身長の高さ（女性） | -0.185 |
| 頭の横幅 | -0.800 |

## トップス（衣装）のパラメータ

| 項目 | 数値 |
|---|---|
| 裾を広げる | 30.000 |
| シワを深くする | 50.000 |
| ウェストを太くする | 50.000 |
| 丈を長くする | 90.000 |
| フードをすぼめる | 100.000 |

## 各種カラー

| 項目 | 数値 |
|---|---|
| 瞳 | BDBFA2 |
| まゆげ | AF9596 |
| アイライン | 8A5443 |
| まつげ | 6E5B4D |
| 口紅 | F7CCC8 |
| 髪のメインカラー | AD938F |
| 髪のハイライトカラー | AD938F |

## 近未来系アイドル

**sample_chap1_girl5.vroid**

| | |
|---|---|
| 瞳 | 16 |
| 瞳のハイライト | 6 |
| まゆげ | 16 |
| まぶた | 1 |
| アイライン | 21 |
| まつ毛 | 16 |
| 鼻 | 13 |
| 口紅 | 2 |

| | |
|---|---|
| 前髪 | 24 |
| 後髪 | 13 |

| | |
|---|---|
| 全身セット | 2 |
| アクセサリー | |
| メガネ（厚みあり） | |

### 顔のパラメータ

| 項目 | 数値 |
|---|---|
| 目の横幅 | 0.600 |
| 目の縦幅 | 0.500 |
| 目の高さ | 0.899 |
| 目の距離 | -0.400 |
| 目頭の高さ | -2.200 |
| 目尻の高さ | 0.507 |
| 下まぶたをまっすぐに | 1.000 |
| 上まぶたを下げる | 1.000 |
| 下まぶたを上げる | 1.000 |
| 瞳の横幅 | 0.183 |
| 瞳の縦幅 | -0.350 |
| 視線の上下 | -0.250 |
| 視線の距離 | 0.117 |
| まゆげの高さ | -1.000 |
| まゆげの縦幅 | 0.350 |
| 鼻先の上下 | -0.295 |
| 鼻根を低く | 1.000 |
| 鼻筋のカーブ具合 | -2.000 |
| 鼻の下の前後 | -1.000 |
| 口の横幅 | 0.344 |
| 口の高さ | -1.000 |
| ほほの高さ | 1.000 |
| ほほの前後 | 0.300 |
| あご先の上下 | 0.850 |
| あご先の横幅 | 1.000 |
| エラを縮める | 1.000 |

### 体型のパラメータ

| 項目 | 数値 |
|---|---|
| 身長の高さ（女性） | 0.300 |
| 頭の横幅 | -0.100 |

### アクセサリーのパラメータ

| 項目 | 数値 |
|---|---|
| フレーム形状4 | 100.000 |
| 鼻にかける | 7.000 |

### 各種カラー

| 項目 | 数値 |
|---|---|
| 瞳 | 915A59 |
| まゆげ | DBB8AF |
| アイライン | A08881 |
| まつげ | 6E5B4D |
| 口紅 | F5A7A7 |
| 肌のカラー | FAE7D6 |
| 肌のダークカラー | EFBAA3 |
| 髪のメインカラー | A08881 |
| 髪のハイライトカラー | A08881 |
| アクセサリー（メガネ） | 555555 |

## パーティースタイル

**sample_chap1_girl6.vroid**

| | |
|---|---|
| 瞳 | 7 |
| 瞳のハイライト | 10 |
| まゆげ | 19 |
| まぶた | 1 |
| アイライン | 25 |
| 鼻 | 8 |
| 口紅 | 3 |

| | |
|---|---|
| 前髪 | 3 |
| 後髪 | 14 |

| | |
|---|---|
| 全身セット | 11 |

### 顔のパラメータ

| 項目 | 数値 |
|---|---|
| 目の横幅 | 0.600 |
| 目の縦幅 | 0.500 |
| 目の距離 | -0.364 |
| 目頭の高さ | -2.000 |
| 目尻の高さ | 0.113 |
| 下まぶたをまっすぐに | 0.806 |
| 上まぶたを下げる | 1.000 |
| 下まぶたを上げる | 0.775 |
| 瞳の横幅 | 0.050 |
| 瞳の縦幅 | -0.217 |
| 視線の上下 | -0.158 |
| 視線の距離 | 0.133 |
| まゆげの傾き | -0.141 |
| まゆげの高さ | -1.300 |
| まゆげの距離 | 0.159 |
| まゆげの縦幅 | 0.079 |
| まゆげの横幅 | 0.238 |
| 鼻全体の高さ | -1.000 |

### 体型のパラメータ

| 項目 | 数値 |
|---|---|
| 頭の横幅 | -1.200 |

### 各種カラー

| 項目 | 数値 |
|---|---|
| 瞳 | 6E7545 |
| まゆげ | 978D73 |
| アイライン | 8A5443 |
| 口紅 | E4625E |
| 肌のカラー | FBF2E9 |
| 髪のメインカラー | 978D73 |
| 髪のハイライトカラー | 756645 |

## サイバー警察

### sample_chap1_girl7.vroid

| 瞳 | 16 |
|---|---|
| 瞳のハイライト | 10 |
| まゆげ | 19 |
| まぶた | 1 |
| アイライン | 2 |
| まつげ | 1 |
| 鼻 | 13 |

| 前髪 | 5 |
|---|---|
| 後髪 | 3 |
| つけ髪 | 8 |

| 全身セット | 15 |
|---|---|

顔のパラメータ

| 項目 | 数値 |
|---|---|
| 目の横幅 | 0.692 |
| 目の縦幅 | 0.500 |
| 目の距離 | -0.453 |
| 目頭の高さ | -1.000 |
| 目尻の高さ | 0.650 |
| 下まぶたをまっすぐに | 1.000 |
| 上まぶたを下げる | 1.000 |
| 下まぶたを上げる | 1.000 |
| 瞳の横幅 | 0.167 |
| 瞳の縦幅 | -0.233 |
| 視線の上下 | -0.125 |
| 視線の距離 | 0.150 |
| まゆげの傾き | -0.106 |
| まゆげの高さ | -1.400 |
| まゆげの距離 | -0.167 |
| まゆげの縦幅 | 0.132 |
| まゆげの横幅 | 0.165 |
| 鼻全体の高さ | -0.749 |
| 口の横幅 | 0.370 |
| ほほの前後 | 0.300 |

体型のパラメータ

| 項目 | 数値 |
|---|---|
| 頭の横幅 | -0.800 |

トップス（衣装）のパラメータ

| 項目 | 数値 |
|---|---|
| 全体を膨らませる | 0.000 |
| フードをすぼめる | 0.000 |
| 全体を膨らませる | 0.000 |
| 襟を厚くする | 100.000 |
| 全体を膨らませる | 0.000 |

各種カラー

| 項目 | 数値 |
|---|---|
| 瞳 | 8589A5 |
| 瞳のハイライト | B5B9D9 |
| まゆげ | 7F7C8D |
| アイライン | 7F736A |
| まつげ | 7F736A |
| 髪のメインカラー | 6D6C7B |
| 髪のハイライトカラー | 8382AD |

## ゴシックロリータ

### sample_chap1_girl8.vroid

| 瞳 | 7 |
|---|---|
| 瞳のハイライト | 6 |
| まゆげ | 7 |
| まぶた | 1 |
| アイライン | 30 |
| まつげ | 17 |
| 鼻 | 7 |
| 口紅 | 5 |

| 前髪 | 25 |
|---|---|
| 後髪 | 2 |
| つけ髪 | 10 |
| 横髪 | 7 |

| ワンピース | 17 |
|---|---|
| 腕飾り | 6 |
| レッグウェア | 28 |
| 靴 | 54 |

顔のパラメータ

| 項目 | 数値 |
|---|---|
| 目の横幅 | 0.600 |
| 目の縦幅 | 0.500 |
| 目の高さ | 0.405 |
| 目の距離 | -0.461 |
| 目頭の高さ | -1.000 |
| 目尻の高さ | 0.650 |
| 下まぶたをまっすぐに | 1.000 |
| 上まぶたを下げる | 1.000 |
| 下まぶたを上げる | 0.537 |
| タレ目 | 0.542 |
| 瞳の縦幅 | -0.325 |
| 視線の上下 | -0.325 |
| 視線の距離 | 0.158 |
| まゆげの高さ | -1.000 |
| 鼻の横幅 | -1.000 |
| ほほの前後 | 0.300 |

体型のパラメータ

| 項目 | 数値 |
|---|---|
| 身長の高さ（女性） | -0.035 |
| 頭の横幅 | -0.115 |

各種カラー

| 項目 | 数値 |
|---|---|
| 瞳 | A6B5B6 |
| まゆげ | AD9C8F |
| アイライン | 914C36 |
| まつげ | 6E5B4D |
| 口紅 | B1473F |
| 髪のメインカラー | CCB58A |
| 髪のハイライトカラー | FFFFFF |

## 男子学生

### sample_chap1_boy1.vroid

| 瞳 | 13 |
|---|---|
| 瞳のハイライト | 20 |
| まゆげ | 15 |
| まぶた | 1 |
| アイライン | 2 |
| まつげ | 19 |
| 鼻 | 8 |

| 一体型 | 35 |
|---|---|

| 全身セット | 43 |
|---|---|

顔のパラメータ

| 項目数値 | 数値 |
|---|---|
| 目の横幅 | 0.300 |
| 目の縦幅 | 0.100 |
| 目の高さ | 0.487 |
| 目の距離 | -0.600 |
| 目頭の高さ | -1.000 |
| 目尻の高さ | -0.323 |
| 上まぶたを下げる | 0.524 |
| 下まぶたを上げる | 1.200 |
| まゆげの傾き | -0.150 |
| まゆげの高さ | -0.537 |
| まゆげの距離 | 0.159 |
| まゆげの縦幅 | 0.731 |
| まゆげの横幅 | 0.070 |
| 鼻先の上下 | -0.033 |
| 鼻全体の高さ | -0.100 |
| 口の高さ | 0.564 |
| 耳の大きさ | -0.400 |
| ほほを下膨れに | 0.313 |
| あごを丸める | 0.400 |
| あご先の上下 | -0.106 |

| 項目数値 | 数値 |
|---|---|
| あご先の横幅 | 1.000 |
| 顔の形状（男性） | 0.000 |

体型のパラメータ

| 項目 | 数値 |
|---|---|
| 身長の高さ（男性） | -0.137 |
| 首の長さ | 0.238 |

各種カラー

| 項目 | 数値 |
|---|---|
| 瞳 | 685F4C |
| まゆげ | 7D7C7B |
| アイライン | A1928E |
| 髪のメインカラー | 7B7B7D |
| 髪のハイライトカラー | 7B7B7D |

## タキシード

### sample_chap1_boy2.vroid

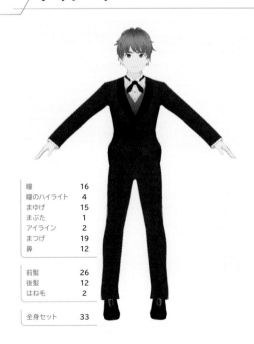

| 瞳 | 16 |
|---|---|
| 瞳のハイライト | 4 |
| まゆげ | 15 |
| まぶた | 1 |
| アイライン | 2 |
| まつげ | 19 |
| 鼻 | 12 |

| 前髪 | 26 |
|---|---|
| 後髪 | 12 |
| はね毛 | 2 |

| 全身セット | 33 |
|---|---|

顔のパラメータ

| 項目数値 | 数値 |
|---|---|
| 目の横幅 | 0.406 |
| 目の縦幅 | 0.100 |
| 目の高さ | 1.000 |
| 目の距離 | -0.749 |
| 目頭の高さ | -1.000 |
| 目尻の高さ | 0.194 |
| 上まぶたを下げる | 0.500 |
| 下まぶたを上げる | 1.000 |
| 視線の上下 | 0.150 |
| 視線の距離 | 0.125 |
| まゆげの高さ | -0.159 |
| まゆげの縦幅 | 0.661 |
| まゆげの横幅 | 0.115 |
| 鼻の高さ | -0.500 |
| 鼻先の上下 | -0.800 |
| 鼻根を低く | 1.000 |
| 鼻筋のカーブ具合 | -1.300 |
| 鼻全体の高さ | 0.850 |
| 鼻の下の高さ | 1.000 |
| 鼻の下の前後 | -1.500 |
| 口の横幅 | 0.502 |
| 口の高さ | 0.273 |
| 耳の大きさ | -0.400 |

| 項目数値 | 数値 |
|---|---|
| 耳の向き | 0.115 |
| ほほの高さ | -1.000 |
| あごを丸める | 0.476 |
| あごを下げる | 0.181 |
| あご先の横幅 | 1.800 |
| 顔の形状（男性） | 0.000 |

体型のパラメータ

| 項目 | 数値 |
|---|---|
| 身長の高さ（男性） | 0.070 |
| 頭頂部の高さ | -0.022 |
| 首の長さ | 0.238 |
| 首の横幅 | 50.000 |
| 肩の横幅 | 0.700 |
| 腰の大きさ | 0.400 |

各種カラー

| 項目 | 数値 |
|---|---|
| 瞳 | 898079 |
| まゆげ | 857A73 |
| アイライン | A1928E |
| 髪のメインカラー | A2968E |
| 髪のハイライトカラー | 000000 |

## 中世の貴族

### sample_chap1_boy3.vroid

| 瞳 | 9 |
|---|---|
| 瞳のハイライト | 10 |
| まゆげ | 15 |
| まぶた | 6 |
| アイライン | 31 |
| まつげ | 19 |
| 鼻 | 7 |

| 一体型 | 36 |
|---|---|

| 全身セット | 17 |
|---|---|

顔のパラメータ

| 項目数値 | 数値 |
|---|---|
| 目の横幅 | 0.300 |
| 目の縦幅 | 0.100 |
| 目の高さ | -0.350 |
| 目の距離 | -0.300 |
| 目頭の高さ | 0.400 |
| 目尻の高さ | -0.200 |
| 下まぶたをまっすぐに | 0.150 |
| 下まぶたを上げる | 0.200 |
| まゆげの高さ | -0.784 |
| まゆげの距離 | 0.150 |
| まゆげの縦幅 | 0.405 |
| まゆげの横幅 | 0.100 |
| 鼻先の上下 | -0.500 |
| 鼻全体の高さ | -0.100 |
| 口の高さ | -0.115 |
| 耳の大きさ | -0.400 |
| ほほを下膨れに | 0.313 |
| あごを丸める | 0.515 |
| あご先の上下 | -0.282 |

| 項目数値 | 数値 |
|---|---|
| あご先の横幅 | 1.000 |
| 顔の形状（男性） | 0.000 |

体型のパラメータ

| 項目 | 数値 |
|---|---|
| 身長の高さ（男性） | -0.100 |

各種カラー

| 項目 | 数値 |
|---|---|
| 瞳 | ■ 77545C |
| まゆげ | ■ 7B7662 |
| アイライン | ■ A1928E |
| 髪のメインカラー | ■ 7B7662 |
| 髪のハイライトカラー | ■ 7B7662 |

## ストリート系男子

### sample_chap1_boy4.vroid

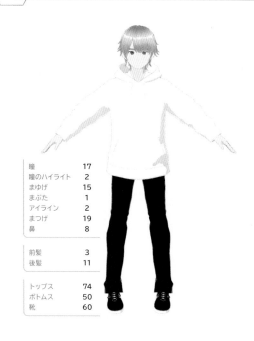

| 瞳 | 17 |
|---|---|
| 瞳のハイライト | 2 |
| まゆげ | 15 |
| まぶた | 1 |
| アイライン | 2 |
| まつげ | 19 |
| 鼻 | 8 |

| 前髪 | 3 |
|---|---|
| 後髪 | 11 |

| トップス | 74 |
|---|---|
| ボトムス | 50 |
| 靴 | 60 |

顔のパラメータ

| 項目数値 | 数値 |
|---|---|
| 目の横幅 | 0.300 |
| 目の縦幅 | 0.100 |
| 目の高さ | 0.170 |
| 目の距離 | -0.600 |
| 目頭の高さ | -0.100 |
| 目尻の高さ | -0.200 |
| 上まぶたを下げる | 0.524 |
| 下まぶたを上げる | 1.000 |
| まゆげの高さ | -0.877 |
| まゆげの縦幅 | 0.502 |
| まゆげの横幅 | 0.150 |
| 鼻先の上下 | -0.033 |
| 鼻全体の高さ | -0.100 |
| 口の高さ | 0.396 |
| 耳の大きさ | -0.400 |
| ほほを下膨れに | 0.313 |
| あごを丸める | 0.352 |
| あご先の上下 | -0.106 |
| あご先の横幅 | 1.000 |
| 顔の形状（男性） | 0.000 |

体型のパラメータ

| 項目 | 数値 |
|---|---|
| 身長の高さ（男性） | 0.013 |
| 首の長さ | 0.238 |

ボトムス（衣装）のパラメータ

| 項目 | 数値 |
|---|---|
| ズボンのシワ | 100.000 |

各種カラー

| 項目 | 数値 |
|---|---|
| 瞳 | ■ A07680 |
| まゆげ | ■ B2AA99 |
| アイライン | ■ A1928E |
| 髪のメインカラー | ■ E6D5B9 |
| 髪のハイライトカラー | □ FFFFFF |

## アクセサリーを設定するには

ネコミミやメガネは、[アクセサリー] タブから設定できます。衣装などの項目と少し操作が異なっており、[アクセサリーを追加] をクリックすると、追加できるアクセサリーの種類が表示されます。

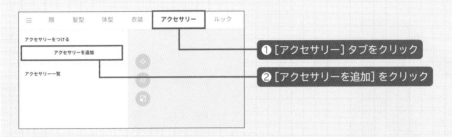

① [アクセサリー] タブをクリック

② [アクセサリーを追加] をクリック

また、アクセサリーは種類ごとにタブに分かれています。

[メガネ] タブを表示

[ケモミミ] タブを表示

アクセサリーは複数付けることが可能です。付けたアイテムは、左側のリストに表示され、選択すると右側にカラーやパラメータなどが表示されます。アクセサリーの位置は、プレビューに表示される赤青緑の矢印で動かせます。この矢印については、P.103 で説明します。

カラーやパラメータを設定できる

矢印で位置
を動かせる

Chapter

2

オリジナルの
服を作ろう

# 01 テンプレートを使って 服を作ろう

モデルの服をテンプレートから作成する方法を解説します。この流れをとおして服の編集画面の基本構成、重ね着の仕方などを学んでいきましょう。

服はオリジナルのアイテムも自由に作れるよ

でもそれって、外部ペイントソフトで服の画像を作る必要があるんじゃないですか？

VRoid Studioの中だけでも、いろんな服が作れるよ。まずはテンプレートを使った方法から試してみよう

はい！　よろしくお願いします

　まずは服の編集画面の基本を学んでいきましょう。1章ではVRoid Studioにあらかじめ用意されたプリセットアイテムから服を選びました。ここではテンプレートという型紙のようなものから、オリジナルのアイテム（カスタムアイテム）を作る方法を解説します。次のようなジャケットにシャツ、スカートのスーツを作ります。またスーツにあわせた靴下（ストッキング）と靴も作ります。

**Flow**

1 テンプレートを追加する流れを理解しよう

2 テクスチャの編集画面でシェーダーカラーを使って簡単に色を変えてみよう

3 パラメーターの調整を理解してスーツとシャツをきれいに重ね着しよう

# 新規のカスタムアイテムを追加しよう

まずは服の設定画面を開き、初期状態の白Tシャツと短パンの状態から、服の設定を変えていきましょう。

新規作成をした初期状態のモデルか、サンプルデータの「base_chap2_1.vroid」を開いてください。「base_chap2_1.vroid」は、手順説明に使用しているモデルと、同じ顔と髪型の状態になっています。

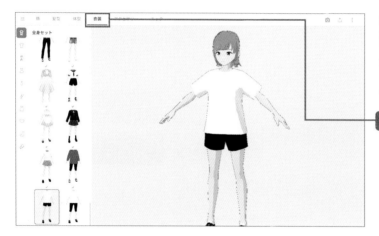

### 初期状態の服から
### 開始する

全身セットの白Tシャツと短パンが設定されている状態ではじめます。

❶ [衣装] タブをクリック

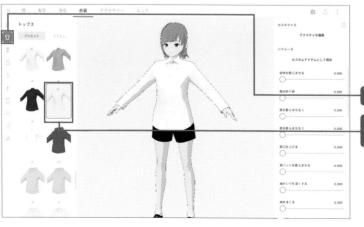

### トップスを選ぶ

トップスはプリセットアイテムの白シャツを選びます。

❶ [トップス] タブをクリック

❷ 長袖白シャツの [トップス64] をクリック

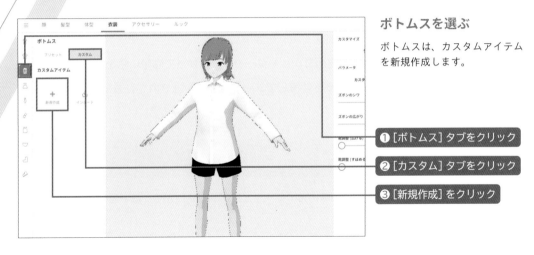

## ボトムスを選ぶ

ボトムスは、カスタムアイテムを新規作成します。

**①** [ボトムス] タブをクリック

**②** [カスタム] タブをクリック

**③** [新規作成] をクリック

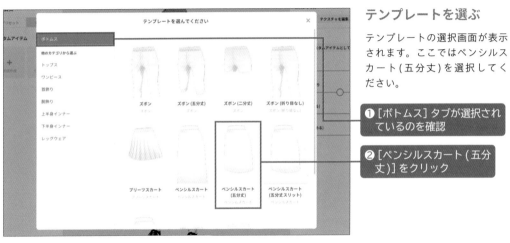

## テンプレートを選ぶ

テンプレートの選択画面が表示されます。ここではペンシルスカート (五分丈) を選択してください。

**①** [ボトムス] タブが選択されているのを確認

**②** [ペンシルスカート (五分丈)] をクリック

## カスタムアイテムが
## 追加される

テンプレートがペンシルスカート (五分丈) のカスタムアイテムが追加されました。

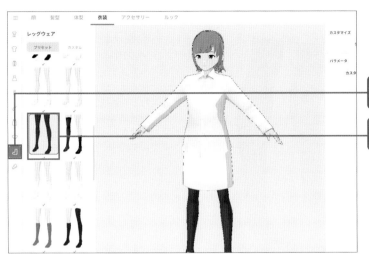

## レッグウェアを選ぶ

レッグウェアはプリセットアイテムから選びます。

❶[レッグウェア]タブをクリック

❷茶色の[レッグウェア15]をクリック

❶[靴]タブをクリック

## 靴を選ぶ

靴もスカート同様に[カスタム]タブからカスタムアイテムを追加します。

❷[カスタム]タブをクリック

❸[新規作成]をクリック

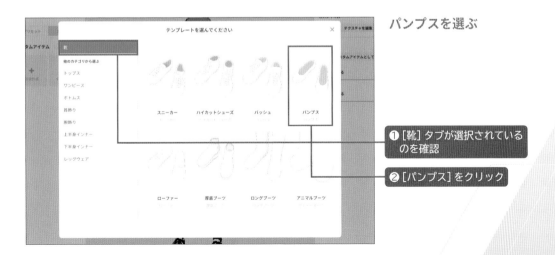

## パンプスを選ぶ

❶[靴]タブが選択されているのを確認

❷[パンプス]をクリック

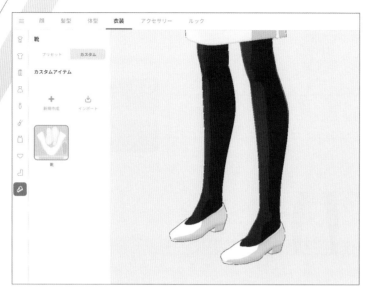

## 靴のカスタムアイテムが追加される

これでパンプスがテンプレートのカスタムアイテムが追加されました。テンプレートは前述のとおり型紙のようなもので、初期状態の色は白（#FFFFFF）に設定されています。カスタムアイテムは、このあと色の変更も行っていきます。

## アイテムにテンプレートを追加して重ね着をしよう

　シャツの上にスーツのジャケットを着た重ね着を表現するために、プリセットアイテムのシャツを編集していきましょう。1つのアイテムに複数のテンプレートを重ねることで、重ね着を表現できます。まずはトップスのテクスチャの編集画面を開き、テンプレートを追加していきます。

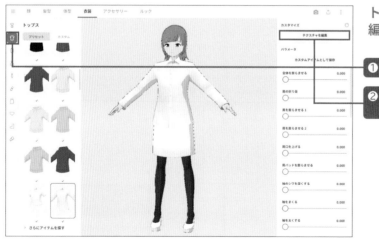

### トップスのテクスチャ編集画面を表示する

**①** ［トップス］タブをクリック

**②** ［テクスチャを編集］をクリック

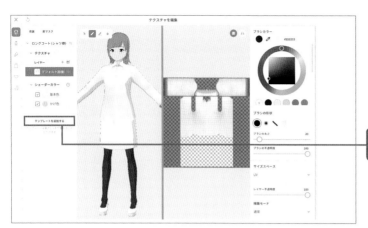

## トップスにテンプレートを追加する

この画面では、色や重ね着などの設定が行えます。テクスチャについては、P.58で説明します。

❶ [テンプレートを追加する] をクリック

## スーツを選択する

❶ [トップス] タブをクリック

❷ [スーツ] をクリック

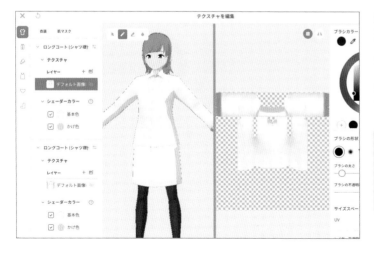

## 新たにスーツのテンプレートが追加された

シャツの下にスーツのテンプレートが追加され、シャツの上にスーツを着た状態になります。

─ Memo ─
まれにシャツの下にスーツを着たような状態になる場合があります。その際は、先にP.53の手順を行うとよいでしょう。

2 オリジナルの服を作ろう

45

# テクスチャの編集画面で色を変えてみよう

続いて服の色を変更していきましょう。色を設定する機能はいくつかあるのですが、ここではシェーダーカラーを使って色を変えてみます。

なお、シェーダーカラーの詳細や他の色設定機能については、P.52であらためて説明します。

## スーツのシェーダーカラーの基本色を変更する

シェーダーカラーのカラー選択画面を表示して、スーツの基本色を変更します。

**❶シェーダーカラーの基本色の横にある丸をクリック**

**❷カラー選択画面が表示されるので、「5E5A6B」と入力**

- Memo -
カラーチャートをクリックして色を指定することもできます。

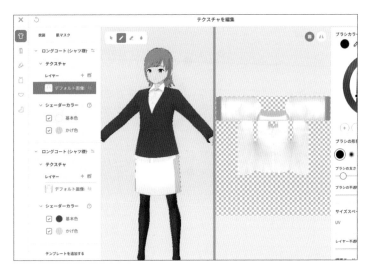

## 紺色のスーツに変わる

トップスのスーツが紺色（#5E5A6B）になりました。ボトムスのスカートもスーツと同じ色に変更しましょう。

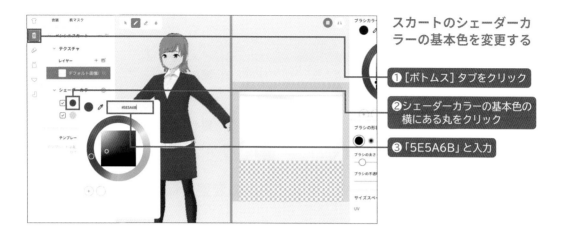

## スカートのシェーダーカラーの基本色を変更する

❶ [ボトムス] タブをクリック

❷ シェーダーカラーの基本色の横にある丸をクリック

❸ 「5E5A6B」と入力

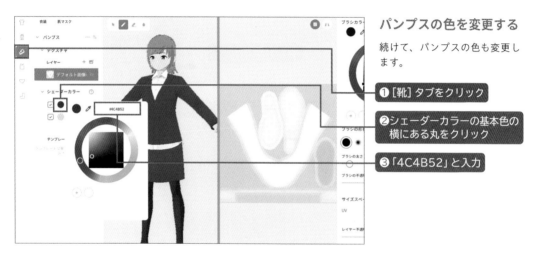

## パンプスの色を変更する

続けて、パンプスの色も変更します。

❶ [靴] タブをクリック

❷ シェーダーカラーの基本色の横にある丸をクリック

❸ 「4C4B52」と入力

## 色の変更完了

これで各種アイテムの色を変更できました。変更前の色と変更後の色を次の表にまとめておきます。

2

オリジナルの服を作ろう

## 服の色番号の一覧

| 項目 | 色の設定箇所 | 変更前 | 変更後 |
|---|---|---|---|
| スーツジャケット | シェーダーカラー(基本色) | ☐FFFFFF | ■5E5A6B |
| スカート | シェーダーカラー(基本色) | ☐FFFFFF | ■5E5A6B |
| パンプス | シェーダーカラー(基本色) | ☐FFFFFF | ■4C4B52 |

## テクスチャ編集画面を閉じてアイテムの変更を保存しよう

　ここで一度、変更したアイテムの状態を保存しておきましょう。編集を終了しテクスチャの編集画面を閉じるとき、アイテムを保存するかどうかの確認画面が表示されます。

アイテムの変更を保存する

① [×] をクリック

② 色を変更した [トップス] [ボトムス] [靴] にチェックマークを付ける

③ [上書き保存] をクリック

確認ダイアログを閉じる

① [OK] をクリック

　これで編集したアイテムが保存されました。カスタムアイテムは、[カスタム] タブの中に表示されます。またトップスは最初にプリセットアイテムを選んでいますが、テンプレートの追加や色変更を行っているため、カスタムアイテムとして新規に登録されます。再び色変えなどを行いたい場合は、該

当のアイテムを選択している状態で、[テクスチャを編集]をクリックすると編集画面を表示できます。

追加されたトップスのカスタムアイテム

# アイテムの細かい部分を修正していこう

この時点では、スーツからシャツがはみ出していたり、レッグウェアの色が濃かったりします。理想のスーツスタイルに近づけるべく、アイテムの細かい部分を調整していきましょう。再度、[テクスチャを編集]をクリックして、テクスチャ編集画面を表示しましょう。

## トップスを整えよう

まずはトップスです。消しゴムツールを使って、スーツからはみ出したシャツのテクスチャを消していきます。左右対称モードをONにすると、左右対称に消していくことができます。

はみ出したシャツのテクスチャを消す

③[ ]をクリックして、左右対称モードをON（青色の状態）にする

④はみ出た部分をドラッグして消す

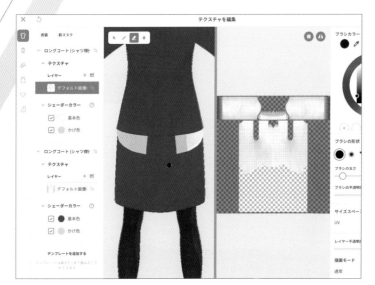

## はみ出したシャツのテクスチャの後ろ側も消す

視点を変えて、後ろ側も同様の方法ではみ出したシャツのテクスチャを消しましょう。

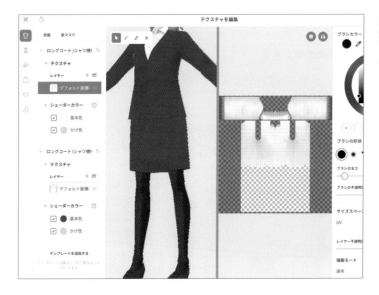

## はみ出した部分を削除した状態

のちほど動かしたときにきれいに消せているか確認します。

## 靴を整えよう

靴は全体の高さとつま先の尖り具合をパラメーターで調整しましょう。

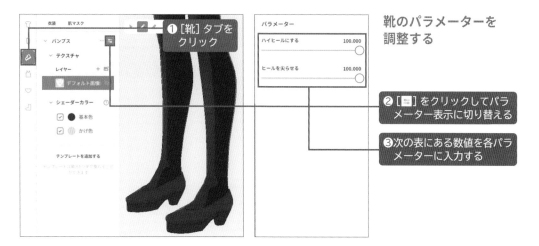

靴のパラメーターを
調整する

❶ [靴] タブを
クリック

❷ [⚙] をクリックしてパラ
メーター表示に切り替える

❸次の表にある数値を各パラ
メーターに入力する

### 🪟 パンプスのパラメーター調整

| 項目 | 変更前 | 変更後 |
| --- | --- | --- |
| ハイヒールにする | 0.000 | 100.000 |
| ヒールを尖らせる | 0.000 | 100.000 |

## レッグウェアを整えよう

　現状のレッグウェアは少し厚みがあるように見えるので、ストッキングのような見た目を目指して調整します。ここではレイヤーの不透明度を調整して、素材の薄さを表現します。

レッグウェアの
パラメーターを調整する

❶ [レッグウェア] タブをク
リック

❷レイヤーの [デフォルト画
像] をクリック

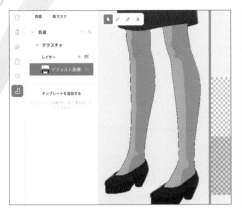

## レイヤーの不透明度を変更する

レイヤー不透明度は0～100の間で設定でき、0に近づくほど透明になります。

❶レイヤー不透明度に「30」と入力

### ■レッグウェアの設定変更

| 項目 | 変更前 | 変更後 |
|---|---|---|
| レッグウェアのテクスチャのレイヤー不透明度 | 100 | 30 |

 **トップスの重なり具合を調整しよう**

このままの状態ですと、モデルを動かしたときに白いシャツがスーツを貫通して表示される可能性があるため、シャツの大きさを縮めます。ゆったりしたスーツにしたい場合は、スーツの全体を膨らませましょう。

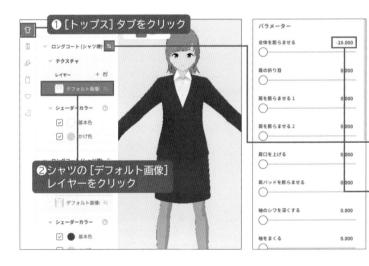

❶[トップス]タブをクリック

❷シャツの[デフォルト画像]レイヤーをクリック

## ジャケットとシャツの重なり具合を調整する

スーツとシャツが同じ大きさで重なっているので、パラメーターを微調整していきましょう。

❸[ ]をクリックして、パラメーターを表示

❹全体を膨らませるに「-10.000」と入力

### ■ シャツのパラメーター調整

| アイテム | 項目 | 変更前 | 変更後 |
|---|---|---|---|
| シャツ | 全体を膨らませる | 0.000 | -10.000 |

## 最後に動かしてチェックしよう

　以上でスーツ姿のモデルが完成です。画面左上の［×］をクリックしてテクスチャの編集画面を閉じ（編集内容は上書き保存）、撮影画面に移動しましょう。シャツの裾がスーツからはみ出していないか確認してください。

**服の重なりや貫通がないかチェックする**

❶ P.27の手順で撮影画面を表示する

❷ ポーズ＆アニメーションをクリック

❸ いくつかポーズを選んで確認する

### シャツだけの表示になってしまう場合に注意

シャツのパラメーターを調整する前にテクスチャの編集画面を閉じたときなど、スーツが表示されずシャツだけの表示になってしまうことがあります。P.52のようにパラメーターを調整してシャツを小さくすることで、シャツの上にスーツを着ている状態に直せます。

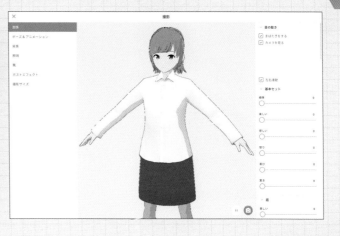

## 完成

　カスタムアイテムの作成や、重ね着アイテムを作成する基本の流れは以上です。P.30の手順で、名前を付けてモデルを保存しておきましょう。アイテムをそれぞれ設定し、色を変更したあと、細かくパラメーターを設定する流れを理解できたのではないでしょうか。次の節からもう少し凝った改変をしていきましょう。

### 少しはみ出す部分もある

　動きによっては、部分的にシャツがジャケットを貫通してしまう場合があります。こだわりたい場合は、はみ出す部分の下側のレイヤーを消すといいでしょう。その辺りはP.49で解説しています。

# 服の色の変更を
# マスターしよう

服の色を変更する方法を解説します。シェーダーカラーで一括で変更する方法、レイヤーごとに個別に変更する方法、それぞれの注意点を理解しましょう。

プリセットアイテムの色がもっと自由に変えられたら便利なんだけどな…

シェーダーカラーを使う方法じゃダメなのかい？

それだと思い通りの色にならないんです。全体じゃなく部分的に色を変えられないですかね？

なるほど！　それならシェーダーカラー以外の方法で、色を変える方法を試してみよう

　前節ではテクスチャ編集画面のシェーダーカラーを使って、アイテムの色を設定しました。ここでは、Tシャツの色変えをとおしてシェーダーカラーについて理解しつつ、別の色変えテクニックについても学んでいきましょう。

**Flow**
1. シェーダーカラーでの一括の色変えをマスターしよう
2. レイヤーごとに個別に色を変えてみよう
3. 外部ペイントソフトで色を変えてからインポートするのもあり

# シェーダーカラーでの色変えをマスターしよう

シェーダーカラーを使って色を設定すると、アイテム全体の色を簡単に変えられます。服の場合はシワの表現なども残したままで色が変わるのでお手軽で便利です。一緒にTシャツの色変えを試してみましょう。

ここでは新規作成をした初期状態のモデルか、サンプルデータの「base_chap2_2.vroid」を開いてください。

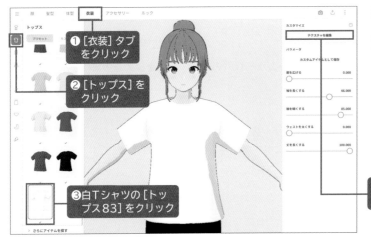

### 白Tシャツを選択する

白のTシャツの色を変えていきます。

① [衣装] タブをクリック

② [トップス] をクリック

③ 白Tシャツの [トップス83] をクリック

④ [テクスチャを編集] をクリック

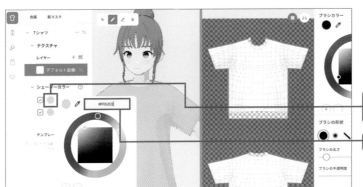

### シェーダーカラーの基本色を変更する

シェーダーカラーの部分をクリックして色を指定していきます。

① シェーダーカラーの基本色の丸をクリック

② 「FFD2CE」と入力

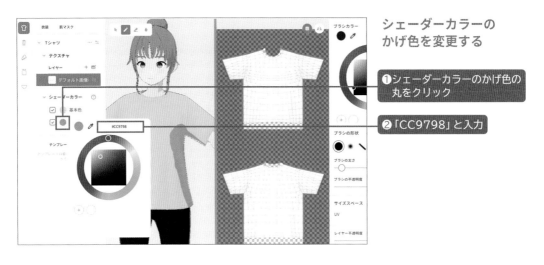

シェーダーカラーの
かげ色を変更する

❶ シェーダーカラーのかげ色の
丸をクリック

❷「CC9798」と入力

## ●シェーダーカラーで変更する色番号

| 項目 | 変更前 | 変更後 |
|---|---|---|
| シェーダーカラー（基本色） | ☐FFFFFF | ☐FFD2CE |
| シェーダーカラー（かげ色） | ☐CFD6F7 | ☐CC9798 |

　シェーダーカラー（基本色）は、物体の表面全体に設定する色です。ここでは優しいピンク色に設定してみました。またシェーダーカラー（かげ色）は、光の当たらないかげの部分に重ねる色です。ここでは赤系の色にしていますが、デフォルトの薄い青のままもおすすめです。

# レイヤーとシェーダーカラーについて学ぼう

モデルの衣装は、レイヤーと呼ばれる層を重ねて表現しています。レイヤーは透明な布のようなもので、レイヤーにテクスチャと呼ばれる材質を表現する素材を貼り付けられます。

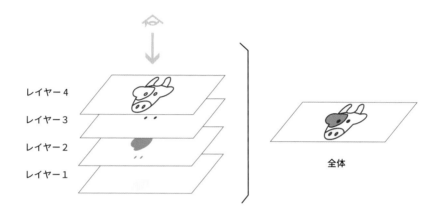

そして、シェーダーカラーは重なった複数のレイヤーに対し、一括で色を設定する機能です。基本色は全体に色を塗り、かげ色は陰の部分に上から色を重ねているイメージです。

シェーダーカラーは一括で色を変更できるので、どのような色にするか迷ったときなど、瞬時に変更して見た目を確認できます。その一方、複数のレイヤーを一括で色を変えるため、部分的に色を変えることができません。また、色味によっては陰の部分がきれいに表示されない場合があります。

それでは実際にプリセットアイテムのTシャツを使って、シェーダーカラーのポイントについて学びましょう。

## カラー調整機能

顔の瞳やまぶた、アクセサリーなどのアイテムには、「カラー調整」と呼ばれる機能があります。カラー調整を行うことで、テクスチャに対して色を指定することができます。使い方は、P.97で説明します。

## 濃い色のTシャツを作ってみよう

　黒などの濃い色の服を作りたい場合、シェーダーカラーでは服の陰がきれいに表現できません。

　例えば、次のようにプリセットアイテムの白Tシャツに対して、シェーダーカラーの基本色を黒（#000000）に設定した場合、服の陰がほとんど見えない状態になります。

　プリセットアイテムの黒Tシャツは、レイヤーそのものに色が付いているため、服の陰がきれいに表現されます。

　プリセットアイテムの黒Tシャツに対し、シェーダーカラーを設定するとどのような色になるのでしょうか？　試しに水色（#00FFFD）を設定してみましょう。

オリジナルの服を作ろう

2

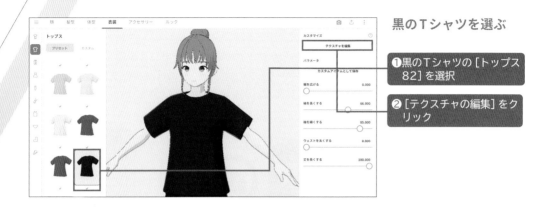

黒のTシャツを選ぶ

❶黒のTシャツの[トップス 82]を選択

❷[テクスチャの編集]をクリック

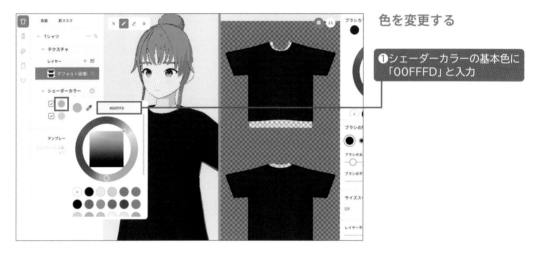

色を変更する

❶シェーダーカラーの基本色に「00FFFD」と入力

深緑色のTシャツができました。陰の色もきれいに表現されていますね。

## 中間色のTシャツを作ってみよう

中間色のTシャツを作る場合は、プリセットアイテムの灰色Tシャツをベースにして、作ったほうがいいでしょう。

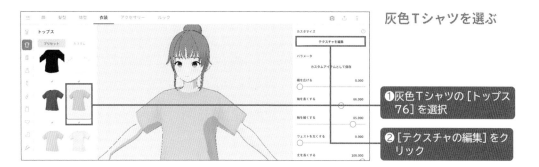

**灰色Tシャツを選ぶ**

❶灰色Tシャツの[トップス76]を選択

❷[テクスチャの編集]をクリック

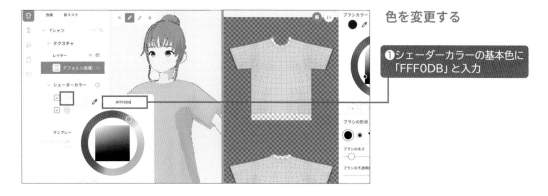

**色を変更する**

❶シェーダーカラーの基本色に「FFF0DB」と入力

くすんだ茶色のTシャツになりました。

# レイヤーごとに個別に色を変えてみよう

次はシェーダーカラーではなく、レイヤーに色を付ける方法を見ていきましょう。ここではTシャツのレイヤーを追加して、ロゴがプリントされているようなTシャツを作ります。そのため、Tシャツの地の色とロゴの部分に対し、別々に色を付けます。

下記のロゴ入りのテクスチャ（画像）をサンプルデータとして用意してあります。テクスチャの画像ファイルを VRoid Studio にインポートしていきましょう（素材のダウンロードは P.12 参照）。

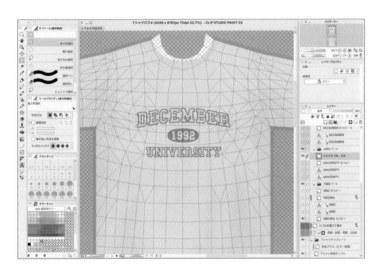

## レイヤーを追加し、テクスチャをインポートする

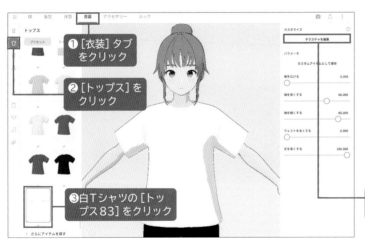

① [衣装] タブをクリック

② [トップス] をクリック

③ 白Tシャツの [トップス83] をクリック

④ [テクスチャを編集] をクリック

### 白Tシャツを選択する

まずは白Tシャツのプリセットアイテムを選択し、テクスチャの編集画面に入ります。

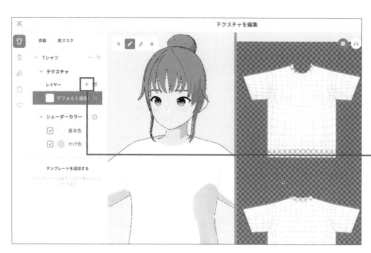

## 新規レイヤーを追加

新規レイヤーを追加します。

❶[+]をクリック

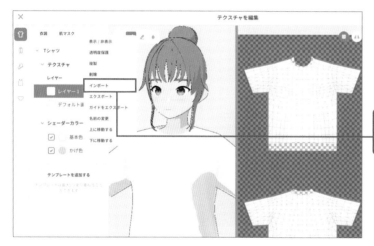

## ロゴの画像をインポートする

新規レイヤー上で右クリックしてインポートを選択します。用意した画像を選択し開きます。

❶新規レイヤーを右クリックし、[インポート]をクリック

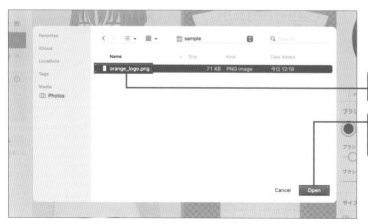

## ファイルを選択する

❶[orange_logo.png]を選択

❷[Open]をクリック
（Windowsの場合は[開く]をクリック）

## ロゴの画像がインポートされた

ロゴの画像が白Tシャツのレイヤー1に配置されました。これら2つのレイヤーの色を別々に変更していきます。

## レイヤー名を変更する

どのレイヤーにロゴをインポートしたかをわかりやすくするため、レイヤーの名前を変更します。

❶ [レイヤー1] を右クリックし、[名前の変更] をクリック

❷ 「ロゴ」と入力

## 白Tシャツの地の色のみを変更しよう

　それでは白Tシャツの地の部分の色のみを変更していきましょう。色を付けるための専用のレイヤーを作成し、レイヤーを区別するために「色変えレイヤー」という名前に変更しましょう。そして、色変えレイヤーに対して、色を変えていきます。なお、元のレイヤーをバックアップとして残しておくことで、白Tシャツにいつでも戻せます。

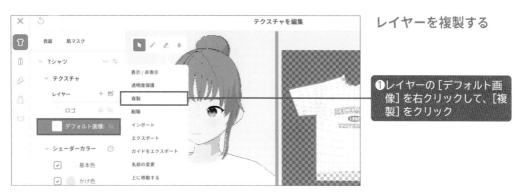

**レイヤーを複製する**

❶レイヤーの[デフォルト画像]を右クリックして、[複製]をクリック

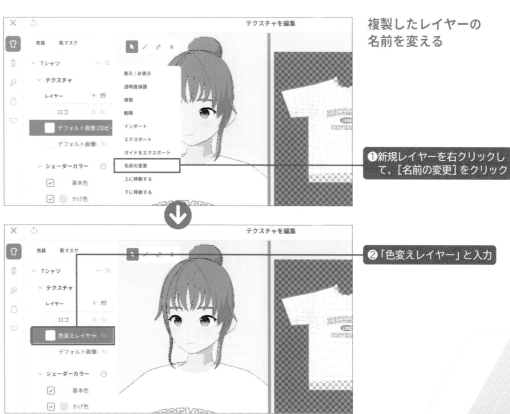

**複製したレイヤーの名前を変える**

❶新規レイヤーを右クリックして、[名前の変更]をクリック

❷「色変えレイヤー」と入力

オリジナルの服を作ろう

2

## レイヤーの透明度の
## 保護を設定する

テンプレートの範囲外を塗らないように、「透明度の保護」を設定します。鍵のマークが付いた状態になると、透明な部分に色が付かなくなります。

❶ [色変えレイヤー] を右クリックし、[透明度保護] をクリック

## レイヤーの透明度が
## 保護された

透明度が保護された状態

❶ ブラシツールを選択する

## 塗りの色を設定する

❷ [ブラシカラー] に「90B4BE」と入力

❸ [ブラシの太さ] を大きくする（100以上にするとよい）

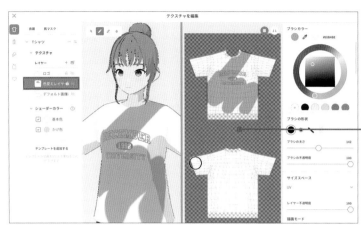

## 色変え用のレイヤーを塗りつぶす

設定した水色（#90B4BE）に塗りつぶしていきましょう。

❶[色変えレイヤー]が選択されていることを確認し、ドラッグしながらレイヤー全体を水色に塗りつぶす

## 描画モードを変更する

もとのテンプレートには、白Tシャツのシワや襟元の線がデザインされています。このままだと塗りつぶした色で、線が消えてしまいます。テンプレートにある線を活かすために、「色変えレイヤー」の描画モードを「乗算」にします。

❶「色変えレイヤー」を選択している状態で、描画モードの[乗算]をクリック

## レイヤーの透明度を調整する

乗算にしたうえでレイヤー透明度も変更すると、よりキレイな色合いに変更できます。

❶[レイヤー不透明度]に「80」と入力

オリジナルの服を作ろう 2

## レイヤーの描画モードは乗算以外も便利

乗算以外もオーバーレイやカラーも使いやすくておすすめです。白ベースではなく灰色ベースのほうが色が変わりやすいです。次の例は、どちらも灰色Tシャツで「デフォルト画像」のレイヤーを複製し、複製したレイヤーの透明度を保護したうえで、オレンジ色（#F77900）で塗りつぶしています。そのうえで、左側はレイヤー効果を「オーバーレイ」、右側は「カラー」に設定しています。いろいろ試して知っておくと表現の幅が広がります。

レイヤー効果が「オーバーレイ」の状態　　　　レイヤー効果が「カラー」の状態

## ロゴの部分の色を変更する

次はロゴの色を変えてみましょう。Tシャツの地の色を変えたときと同じように、ロゴのレイヤーを複製し、複製したレイヤーに対して色を変えていきます。

色変えレイヤーを
用意する

❶[ロゴ]レイヤーを右クリックし[複製]をクリック

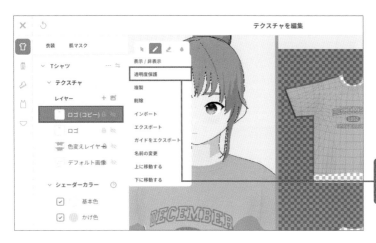

## ロゴのレイヤーに透明度の保護の設定をする

ロゴのほうも先ほどと同じようにレイヤーに透明度の保護の設定をします。透明な部分は保護されて色が付かなくなるのでロゴ部分だけを簡単に塗りつぶすことができます。

❶追加された [ロゴ（コピー）] レイヤーを右クリックして、[透明度保護] をクリック

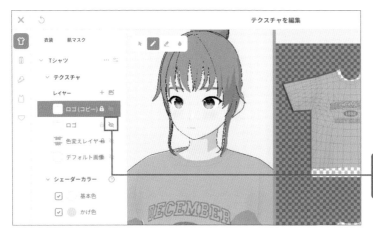

## 複製元のレイヤーを非表示にする

レイヤー名の横にある [ ] のアイコンをクリックすると非表示になります。色変え前のロゴレイヤーは、バックアップとして非表示にして残しておきましょう。

❶複製元の [ロゴ] レイヤーの [ ] をクリックして、非表示にする

❶ブラシツールを選択

ブラシカラー
#FFFFFF

ブラシの形状

ブラシの太さ　118
ブラシの不透明度　100
筆圧感知レベル　5

## ブラシを設定する

ここでは、ロゴを白（#FFFFFF）に塗り変えます。ブラシを設定しましょう。

❷[ブラシカラー] に「FFFFFF」と入力

❸[ブラシの太さ] を大きくする（100以上にするとよい）

## ロゴを白く塗りつぶす

①複製したロゴレイヤーが選択されている状態で、ドラッグしながらロゴ全体を白に塗りつぶす

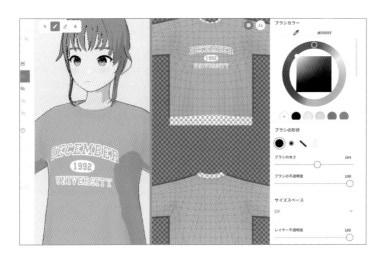

## ロゴの色を変えた状態

ロゴの部分がすべて白になれば完成です。忘れずに名前を付けてモデルを保存しておきましょう。

## 外部ペイントソフトで色を変えてからインポートするのもありです

外部ペイントソフトを持っていて慣れている方ならそちらでテクスチャを編集してインポートするのもいいと思います。ただ外部で編集するとしても、VRoid Studio内で3Dプレビューを見ながら色の変更を試行錯誤できるのは便利だと思うので、今回の技を知っておくのは損ではないと思います。あえて複数レイヤーに分けてインポートして、中で調整するのもありですね。

## 完成

これでTシャツの地とロゴの色を別々に変更できました。下地のTシャツのシワや襟元も残せていますね。シェーダーカラーのみでの色変えとは異なり、ロゴを白いまま残すこともできています。色を試行錯誤したいときや多数の色のバリエーションを作りたいときなどにも便利です。

## シェーダーカラーでの色変えは全レイヤーが対象なので注意

複数のレイヤーがある状態でシェーダーカラーを使うとどうなるのでしょうか。灰色のTシャツに白いロゴのテクスチャを追加した状態で、シェーダーカラーを設定すると、ロゴも一緒に色が変わってしまいます。複数のレイヤーがあるアイテムで個々に色を設定したい場合は、シェーダーカラーではなく、個々のレイヤーに色を付けるようにしましょう。

シェーダーカラーで色を変更

# 03 服のテクスチャのインポート とエクスポートをしよう

服のテクスチャのテンプレートをエクスポートし、外部の画像編集ソフトで編集し、再びインポートするという流れを理解しましょう。

自分で作った画像を服に貼りたいんだけど、そのままインポートしてもいいのかな

ちゃんと服の大きさにあった画像じゃないと、変な服になっちゃうんだ

そうなんですか？ 何かいい方法ってないですか？

VRoid Studioでテクスチャのガイド画像を出力できるから、ガイド画像を使ったテクスチャの作り方を紹介するよ

　前節では、レイヤーごとの色設定を学ぶために、ロゴTシャツを作りました。ここでは画像編集ソフトを使って、よりオリジナルのデザインのTシャツを作成する流れを紹介します。画像編集ソフトの操作が苦手な人は、画像編集ソフトで画像を加工する手順は飛ばして、ダウンロード素材で用意した画像をそのまま使う形で進めてもらえればと思います。

**Flow**
1. 服のテクスチャのテンプレートをエクスポートする流れを理解しよう
2. 外部の画像編集ソフトでテクスチャに写真を貼ろう
3. 自作の服のテクスチャをインポートする流れを理解しよう

## Tシャツのテクスチャをエクスポートしよう

まずは元素材となる黒Tシャツのテンプレートからテクスチャの画像ファイルとガイドの画像ファイルをエクスポートしていきます。

ここでは新規作成をした初期状態のモデルか、サンプルデータの「base_chap2_3.vroid」を開いてください。

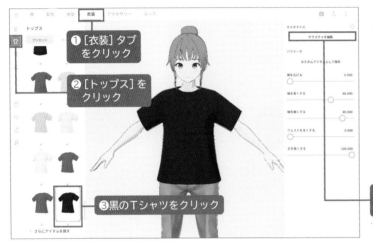

**黒のTシャツを選択し編集画面に入る**

テンプレートで黒のTシャツを選択し編集画面に入ります。

❶ [衣装] タブをクリック

❷ [トップス] をクリック

❸ 黒のTシャツをクリック

❹ [テクスチャを編集] をクリック

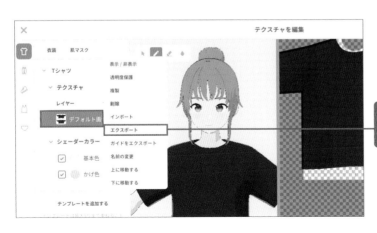

**テクスチャをエクスポートする**

黒Tシャツのテクスチャをエクスポートします。

❶ [デフォルト画像] を右クリックし、[エクスポート] をクリック

## ファイル名を付けて
## 保存する

今回は layer.png という名前そのままで保存しました。

❶ファイル名が「layer.png」であることを確認し、[Save]をクリック（Windowsの場合は[保存]をクリック）

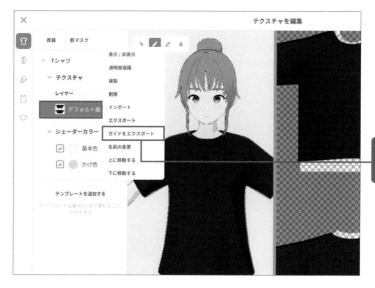

## ガイドを
## エクスポートする

❶[デフォルト画像]を右クリックし、[ガイドをエクスポート]をクリック

## ガイドのファイルを
## 保存する

❶ファイル名が「guide.png」であることを確認し、[Save]をクリック（Windowsの場合は[保存]をクリック）

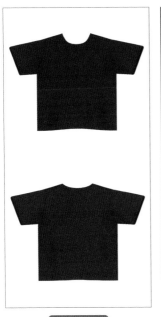

layer.png

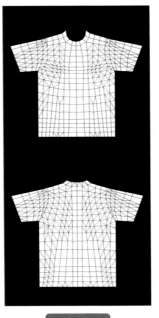

guide.png

## ファイルを確認する

次のような黒Tシャツのテクスチャ(layer. png)と、テクスチャのガイド(guide. png)が出力されます。この画像を使って、オリジナルのテクスチャを作ります。

## 下書きをしてからテクスチャをエクスポートする

複雑なデザインを作りたい場合は、VRoid Studio側で位置のあたりをとってもいいでしょう。あたり用のレイヤーを作り、ブラシであたり位置を描いてから、そのレイヤーもエクスポートして利用しましょう。

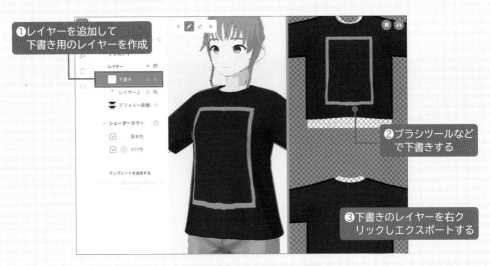

①レイヤーを追加して
下書き用のレイヤーを作成

②ブラシツールなど
で下書きする

③下書きのレイヤーを右ク
リックしエクスポートする

## 外部の画像編集ソフトでTシャツに写真を貼ろう

次に外部の画像編集ソフトでテクスチャを編集していきます。ここではCLIP STUDIO PAINTを使用しますが、別の画像編集ソフトを使用しても構いません。また、**ダウンロードデータで編集後のテクスチャを配布しています。画像編集ソフトをお持ちではない方は、P.80へ進んでください。**

出力した黒Tシャツのテクスチャ（layer.png）に対して、次の画像を貼り付けます。もしTシャツに貼りたい画像があれば、読者の皆さんはお好みの画像を使っても構いません。

chap2_picture.jpg
2448×3264ピクセル

## 写真をテクスチャに貼り付けよう

それでは、実際にCLIP STUDIO PAINTを利用して画像を貼り付けていきます。

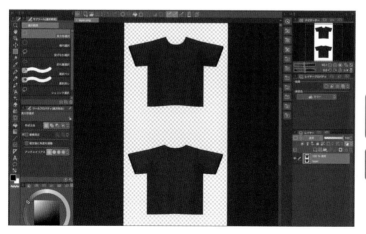

### テクスチャのファイルを開く

画像編集ソフトで、layer.pngのファイルを開きます。

❶画像編集ソフト（ここでは CLIP STUDIO PAINT）を起動

❷[ファイル]の[開く]から 「layer.png」を開く

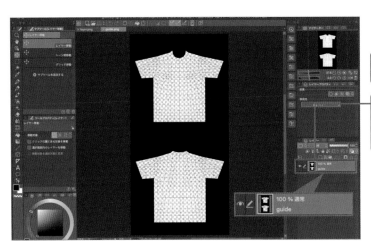

## ガイドのファイルを開く

**❶** [ファイル]の[開く]から
「guide.png」を開く

**❷** 右下のレイヤーから
[guide]をクリックし、
command+C（Windowsは
Ctrl+C）でコピー

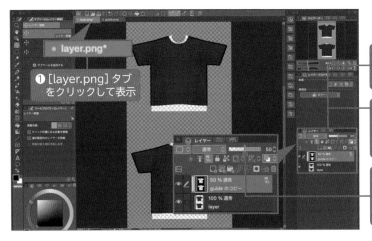

## ガイドレイヤーを作る

**❷** command d+V（Windows
は Ctrl+V）で、レイヤーを
貼り付ける

**❸** 追加した[guideのコピー]
レイヤーを右クリックし、[レ
イヤー設定]の[下書きレイ
ヤーに設定]をクリック

**❹** [guideのコピー]レイヤー
を選択している状態で、ゲー
ジをドラッグして動かし、透
明度を「50」にする

**❶** [layer.png]タブ
をクリックして表示

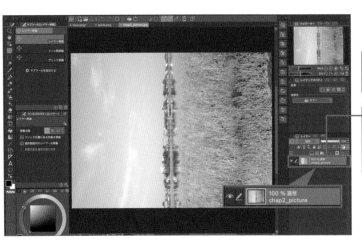

## 写真のファイルを開く

**❶** [ファイル]の[開く]から
「chap2_picture.jpg」を
開く

**❷** 右下のレイヤーから
[chap2_picture]をクリッ
クし、command+C
（Windowsは Ctrl+C）でコ
ピー

2 オリジナルの服を作ろう

77

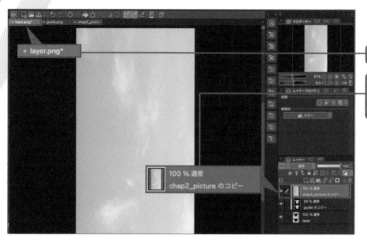

## 写真のレイヤーを作る

❶ [layer.png] のタブを表示

❷ command + V（Windowsは Ctrl + V）で、レイヤーを貼り付ける

## 写真の位置とサイズのバランスを調整しよう

layer.png より chap2_picture.jpg の サ イ ズ が 大 き い た め、chap2_picture.jpgを回転させつつ縮小します。そのうえで、ガイドの線を参考に、写真を左右対称にバランスよく配置しましょう。

❶ [chap2_pictureのコピー]を選択している状態で、メニューバーから [編集] をクリックし、[変形] の [拡大・縮小・回転] をクリック

❷写真のふちにある□ドラッグして縮小

❸写真のふちにある□付近で ←→ が表示されている状態でドラッグして回転

## 写真を白黒に変える

オシャレな白黒にしてみました。写真のレイヤーにフィルターをかけて彩度を-100にします。

❶ [chap2_picture コピー] を右クリックして、[新規色調補正レイヤー]の[色相・彩度・明度]をクリック

❷ 彩度に「-100」と入力

**2**

オリジナルの服を作ろう

## ガイドを非表示にする

❶ [guideのコピー]レイヤーの横にある[👁]をクリックして、非表示にする

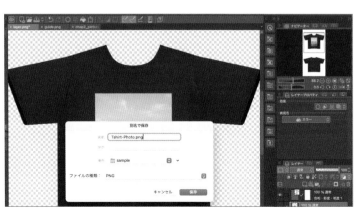

## 完成した画像をPNGで保存する

ここでは「Tshirt-Photo.png」と名前を付けて画像を保存します。

❶ メニューの[ファイル]の[別名で保存]をクリック

❷ 「Tshirt-Photo.png」と名前を付けて画像を保存

# 完成したテクスチャをVRoid Studioにインポートしよう

完成したTシャツのテクスチャをVRoid Studioにインポートして、Tシャツのレイヤーに表示させます。ダウンロードデータとして、「Tshirt-Photo.png」を配布しているので、画像編集ソフトで画像を編集していない方は、そちらを利用してください。

**新規レイヤーを追加する**

❶[＋]をクリック

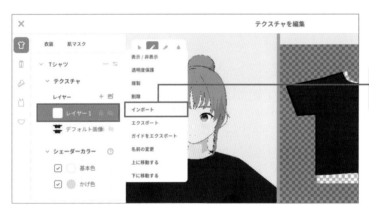

**テクスチャをインポートする**

❶追加した[レイヤー1]を右クリックし、[インポート]をクリック

**ファイルを選択する**

「Tshirt-Photo.png」をインポートします。

❶「Tshirt-Photo.png」を選択

❷[Open]をクリック（Windowsの場合は[開く]をクリック）

## 作成したテクスチャが無事にインポートされた

これで自分がデザインした写真入りのテクスチャがインポートされました。テクスチャの編集画面を閉じる際には、保存を忘れないようにしましょう。

## 完成

これで写真がプリントされたTシャツの完成です。撮影画面を開き、モデルを動かして写真の見え方を確認してみましょう。

## テクスチャをインポートするときの画像サイズに注意

P.76のchap2_picture.jpgをそのままインポートすると、このような状態になります。また、画像サイズが「横1024×縦2048」ではない場合、自動的に引き延ばされます。

## 体型を変えている場合はズレに注意

「胸の大きさ」など体型の数値を変えている場合は、写真が歪んで変形する点に注意が必要です。テクスチャを編集するときは、一度「胸の大きさ」の数値を「0.000」の初期状態に戻してからP.73〜81の作業を行い、そのあとに体型の数値を変えるようにしましょう。

Chapter

3

髪型を
アレンジしよう

# 01 髪の色を変えよう

ここではモデルの髪色の変更方法を解説します。また髪色の変更とあわせて、髪の編集画面や、髪のマテリアル（テクスチャ）の設定なども説明します。

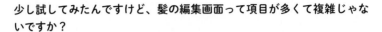
VRoid Studioでは、髪も服と同じように色変えは簡単にできるし、長さや形も変えられるよ

少し試してみたんですけど、髪の編集画面って項目が多くて複雑じゃないですか？

それなら一緒にさまざまな髪のアレンジ方法を試してみよう。まずは一番簡単な髪の色変えからでどうかな？

色変えだけなら簡単そうですね！　お願いします！

　1章でも髪の色を変更しましたが、服のテクスチャを編集するのと同じように、髪もテクスチャを編集して色を変えることができます。まずは髪型の編集画面を開いて、テクスチャを編集する方法をおさえましょう。ここでは次のお団子タイプの髪型でテクスチャの色を変更し、毛束の凹凸に関する設定も変更してみます。

Flow

1 髪のマテリアルを理解しよう

2 マテリアルのテクスチャを編集してみよう

3 ハイライトや髪束の凹凸の設定を理解しよう

## ベースの髪型を設定しよう

新規作成をした初期状態のモデルか、サンプルデータの「base_chap3_1.vroid」を開いてください。「base_chap3_1.vroid」は、手順説明に使用しているモデルと、同じ顔と衣装の状態になっています。

ルックでアウトラインや陰影を設定したら、髪型のプリセットアイテムから一体型のお団子タイプを選び、P.26と同じ方法で髪の色を変えてみましょう。

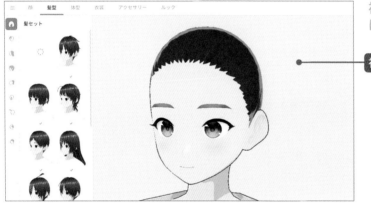

**初期状態の髪型ではじめる**

初期状態の髪型

❶[ルック]タブをクリック

❷[アウトライン]をクリック

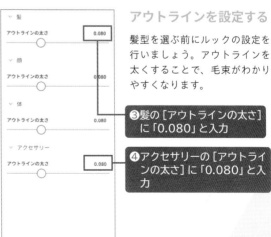

**アウトラインを設定する**

髪型を選ぶ前にルックの設定を行いましょう。アウトラインを太くすることで、毛束がわかりやすくなります。

❸髪の[アウトラインの太さ]に「0.080」と入力

❹アクセサリーの[アウトラインの太さ]に「0.080」と入力

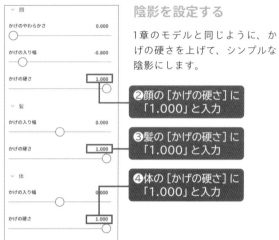

1章のモデルと同じように、かげの硬さを上げて、シンプルな陰影にします。

❶[陰影]をクリック

❷顔の[かげの硬さ]に「1.000」と入力

❸髪の[かげの硬さ]に「1.000」と入力

❹体の[かげの硬さ]に「1.000」と入力

## ■ルックの変更箇所

| カテゴリー | 部位 | パラメータ | 変更前 | 変更後 |
|---|---|---|---|---|
| アウトライン | 髪 | アウトラインの太さ | 0.000 | 0.080 |
| アウトライン | アクセサリー | アウトラインの太さ | 0.000 | 0.080 |
| 陰影 | 顔 | かげの硬さ | 0.900 | 1.000 |
| 陰影 | 髪 | かげの硬さ | 0.600 | 1.000 |
| 陰影 | 体 | かげの硬さ | 0.900 | 1.000 |

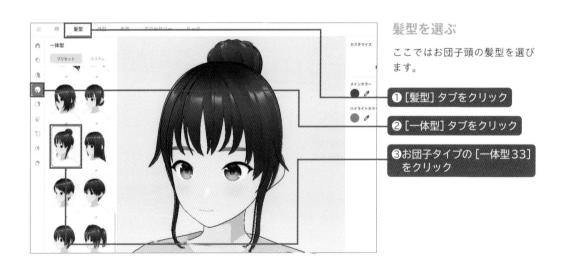

## 髪型を選ぶ

ここではお団子頭の髪型を選びます。

❶[髪型]タブをクリック

❷[一体型]タブをクリック

❸お団子タイプの[一体型33]をクリック

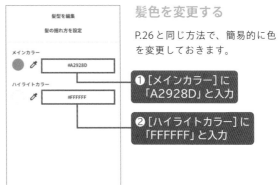

**髪色を変更する**

P.26 と同じ方法で、簡易的に色を変更しておきます。

❶[メインカラー]に「A2928D」と入力

❷[ハイライトカラー]に「FFFFFF」と入力

3

髪型をアレンジしよう

■髪の色の変更

| 項目 | 変更前 | 変更後 |
|---|---|---|
| メインカラー | ■825A46 | ■A2928D |
| ハイライトカラー | ■DB8A3B | □FFFFFF |

## 髪型の編集画面を表示しよう

　ここまでは、1章と同じ操作で髪の色を変更しました。ここからは、髪型を編集するための画面で色を変更してみましょう。

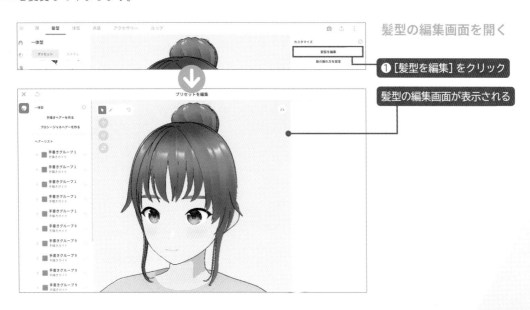

**髪型の編集画面を開く**

❶[髪型を編集]をクリック

髪型の編集画面が表示される

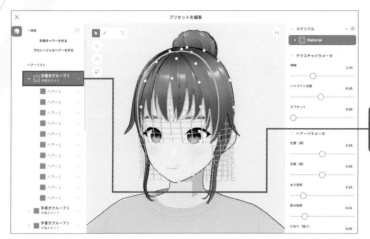

画面の左側にあるヘアーリストから毛束を選択すると、画面の右側にパラメータが表示されます。

ヘアーリストから任意の毛束をクリック（ここでは [手書きグループ1] をクリック）

## 髪型の編集画面を確認しよう

　髪型の編集画面では、毛束の長さや太さの調整、毛束の追加などが行えます。画面左側のヘアーリストには髪の毛束が表示されており、毛束を選択すると画面の右側にマテリアルと毛束のパラメータが表示されます。さらに、マテリアルにあるMaterialの [>] をクリックすると、髪型に設定されているメインカラーやハイライトカラーなどの色情報が表示されます。

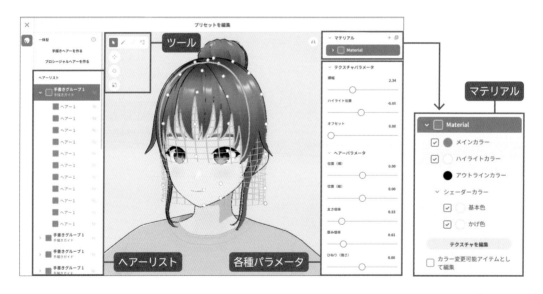

　マテリアルは材料という意味を持つ単語です。VRoid Studioでは髪の質感を表す材料のようなもので、テクスチャも含まれます。また、毛束を選択するとプレビューに表示される緑色の網は、**ガイドメッシュ**と呼ばれるものです。毛束はこのガイドメッシュにそって表示されます。ガイドメッシュについては、P.115であらためて説明します。

# 髪型のテクスチャを変更しよう

髪型のテクスチャを変更したい場合は、髪型の編集画面からテクスチャの編集画面を開く必要があります。テクスチャで髪の色を変えるために、マテリアルからテクスチャの変更画面を開きましょう。

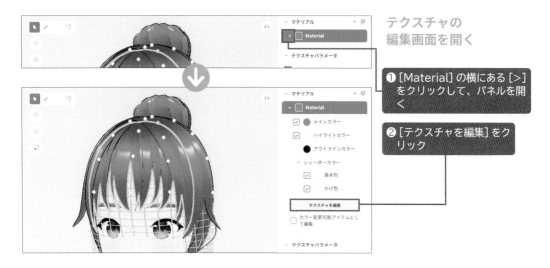

テクスチャの
編集画面を開く

❶ [Material] の横にある [>] をクリックして、パネルを開く

❷ [テクスチャを編集] をクリック

## 髪型のテクスチャの編集画面を確認しよう

髪型のテクスチャの編集画面も基本的には衣装と同じです。少し異なる部分があるため、各項目を順に操作しながら解説していきます。

ベースのテクスチャ編集

ハイライトのテクスチャ編集

髪束の凹凸

カラー調整

シェーダーカラー

Memo

P.87で設定したメインカラーとハイライトカラーがテクスチャに反映されます。

# ハイライトのテクスチャを非表示にしよう

髪のハイライトのテクスチャは自分で自由にデザインできます。今回はハイライトをなしにしてみましょう。既存のハイライトのテクスチャを非表示にするだけですが、これだけでもだいぶ雰囲気を変えられます。

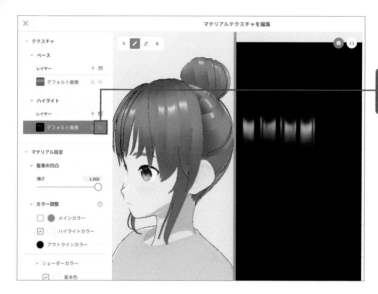

**ハイライトを非表示にする**

❶ハイライトの［デフォルト画像］横にある［🖼］をクリック

**ハイライトが非表示の状態**

ハイライトのデフォルト画像レイヤーを非表示にしたことで、ツヤがないマットな髪になりました。

Memo

P.62でTシャツのレイヤーにロゴのテクスチャを追加したように、ハイライトにもテクスチャを追加できます。

## ベースのテクスチャを編集しよう

デフォルト状態のベースのテクスチャはグラデーションや毛束感が表現されていて素敵ですが、ここではシンプルな塗り潰しに変更してみましょう。アニメキャラっぽいマットな感じに変更できておすすめです。

**レイヤーを追加する**

色を塗り潰す用のレイヤーを追加します。

❶ベースのレイヤーの［+］をクリック

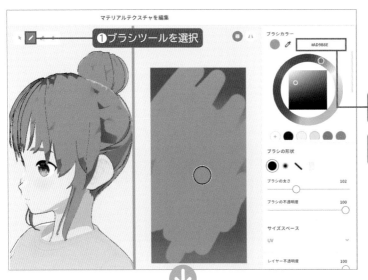

**ベースのテクスチャを塗り潰す**

追加したレイヤーを塗り潰します。

❶ブラシツールを選択

❷ブラシカラーに「AD9B8E」と入力

❸「レイヤー1」をドラッグして塗り潰す

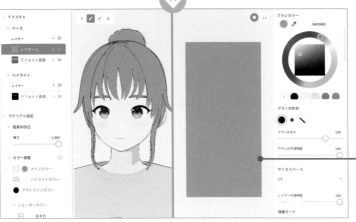

塗り潰した状態

## シェーダーカラーを設定しよう

　衣装と同じように、髪にもシェーダーカラーがあります。基本色は髪全体に色を重ねることが可能で、かげ色は光が当たらない影の部分の色を変えられます。髪型の場合、基本色とかげ色はどちらも白（#FFFFFF）が設定されています。今回はテクスチャで色を変えているため、かげ色だけ変更しましょう。

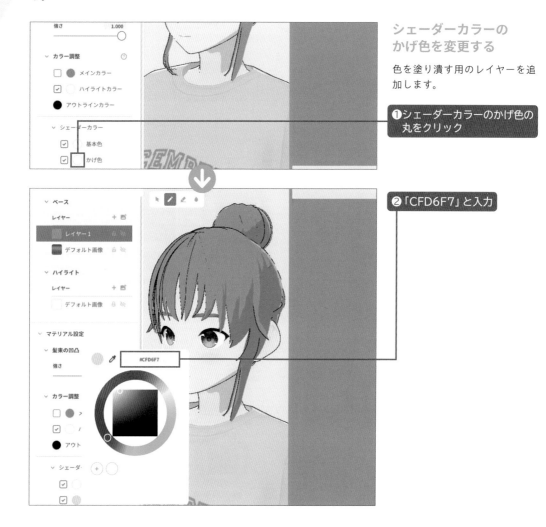

### シェーダーカラーのかげ色を変更する

色を塗り潰す用のレイヤーを追加します。

❶シェーダーカラーのかげ色の丸をクリック

❷「CFD6F7」と入力

### ■シェーダーカラーの変更

| 項目 | 変更前 | 変更後 |
|------|--------|--------|
| かげ色 | ☐FFFFFF | ☐CFD6F7 |

## 髪束の凹凸を設定しよう

マテリアル設定の「髪束の凹凸の強さ」は、髪の陰影による凹凸感を調整できます。0にするとシンプルでくっきりしたアニメっぽい陰影になります。

髪束の凹凸の [強さ] が「0.000」の状態
（アニメっぽいくっきりした陰影）

髪束の凹凸の [強さ] が「1.000」の状態
（やわらかくて繊細な雰囲気）

ここでは「0.000」に設定し、アニメっぽいくっきりとした陰影にします。

❶髪束の凹凸の [強さ] に
「0.000」と入力

### ■髪束の凹凸の変更

| 項目 | 変更前 | 変更後 |
|---|---|---|
| 髪束の凹凸の強さ | 1.000 | 0.000 |

# 変更を保存しよう

変更した髪型をカスタムアイテムとして保存しておきましょう。

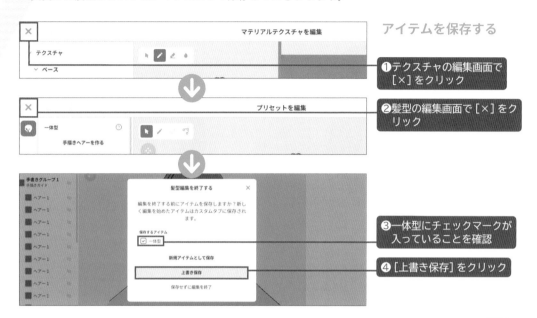

アイテムを保存する

①テクスチャの編集画面で
[×]をクリック

②髪型の編集画面で[×]をク
リック

③一体型にチェックマークが
入っていることを確認

④[上書き保存]をクリック

## 髪のアウトラインカラー

髪のテクスチャ編集画面にある[アウトラインカラー]を変更することで、髪の輪郭線の色を変更できます。初期状態は、濃い茶色(#461720)です。例えば、次のように[アウトラインカラー]を青色(#2A31D9)に変えると、雰囲気が大きく変わります。

[アウトラインカラー]が
「2A31D9」の状態

# ベースヘアーの色を変更しよう

　髪型は前髪や後髪などの部分と、頭皮部分にあたるベースヘアーでテクスチャが分かれています。そのため、ベースヘアーのテクスチャも変更しましょう。ベースヘアーの場合、アイテムを選択する画面からテクスチャの編集画面を表示できます。

**テクスチャの編集画面を表示する**

❶[ベースヘアー]タブをクリック

❷[テクスチャを編集]をクリック

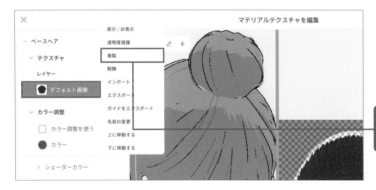

**レイヤーを複製する**

ベースヘアーの場合は、[デフォルト画像]レイヤーを複製して、複製したレイヤーを塗り潰します。

❶[デフォルト画像]レイヤーを右クリックし、[複製]をクリック

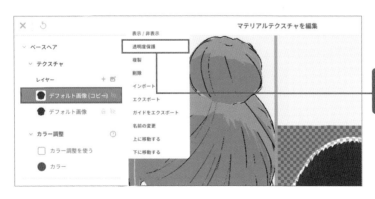

**テクスチャの編集画面を表示する**

❶[デフォルト画像(コピー)]レイヤーを右クリックし、[透明度保護]をクリック

**3**

髪型をアレンジしよう

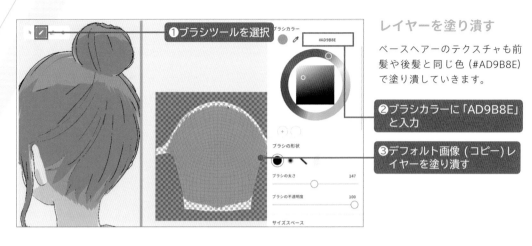

## レイヤーを塗り潰す

ベースヘアーのテクスチャも前髪や後髪と同じ色（#AD9B8E）で塗り潰していきます。

❶ブラシツールを選択

❷ブラシカラーに「AD9B8E」と入力

❸デフォルト画像（コピー）レイヤーを塗り潰す

## シェーダーカラー（かげ色）を変更する

P.92と同じように、シェーダーカラーのかげ色も薄い青（#CFD6F7）に設定します。

❶シェーダーカラーのかげ色の丸をクリック

❷「CFD6F7」と入力

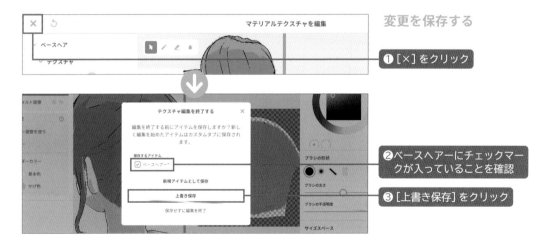

## 変更を保存する

❶[×]をクリック

❷ベースヘアーにチェックマークが入っていることを確認

❸[上書き保存]をクリック

## 完成

これで髪の色変えは完了です。テクスチャやハイライトなどを細かく設定することで、大きく雰囲気を変えられましたね。ぜひ、皆さんの好きな色に変えて、独自の髪型を作ってみてください。

### カラー調整アイテムとして編集する

P.89では、[カラー変更アイテムとして編集] にチェックマークを付けずに、テクスチャの編集画面を開きました。その場合、メインカラーで設定している色が反映されたテクスチャが生成されます。
逆に、[カラー変更アイテムとして編集] にチェックマークを付けて、テクスチャの編集画面を開くと、黒がベースのテクスチャが生成され、カラー調整のメインカラーにチェックマークが入った状態になります。

カラー調整のメインカラーにチェックマークが入ったまま、メインカラーの色を変更すると、
プレビューではテクスチャにメインカラーが反映されたかのような状態になります。

カラー調整のメインカラーがオリーブグリーン
（#B3A970）の状態

カラー調整のメインカラーが薄いピンク
（#F3E0E0）の状態

この状態でテクスチャの画面を閉じると、カラー調整のメインカラーが反映されたテクスチャが生成さ
れます。再び、テクスチャの編集画面に入ると、生成されたテクスチャが表示されます。

なお、黒ベースのテクスチャが生成されるのは、選択したマテリアルではじめてテクスチャの画面を開
くときのみです。少し上級者向けの機能ですが、テクスチャの毛束感を維持したまま、テクスチャの色
を変更できます。

# 髪の毛束の位置を変えよう

髪型は複数の毛束で構成されており、位置などは個々に動かすことが可能です。ここでは毛束の編集方法について学んでいきましょう。

もっとオリジナルの髪型を作りたいなぁ

プリセットアイテムをベースにして、個々の毛束の位置を変えてみるのはどう？ 髪の編集画面で操作していけばできるよ

個々の毛束の位置を変えるなんて大変そうですけど……

移動ツールで操作すれば、簡単に移動できるよ。一緒にやってみよう

　髪型の個々の毛束は、位置を調整したり、非表示にしたりできます。例えば、ポニーテールのまとめた毛束やお団子の毛束の位置を調整することで、プリセットアイテムからオリジナルの髪型（カスタムアイテム）を作れます。この節では、プリセットアイテムのお団子の毛束位置を調整して、次のような髪型を作っていきましょう。

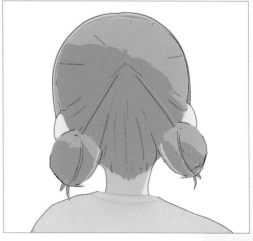

サンプルデータの「base_chap3_2.vroid」は、すでにプリセットアイテムを選び、髪の色を変更してあります。「base_chap3_2.vroid」を使って、毛束の編集（位置変更）を試してみましょう。

今回はお団子頭を作りたいので、一体型のポニーテール（一体型39）、つけ髪のお団子（つけ毛12）を選びました。髪が集まる位置は下側の左右両サイドに分かれるのが理想ですが、その点は調整せずに進めます。

一体型のポニーテール（一体型39）

つけ髪のお団子（つけ毛12）

**Flow**　1　髪のヘアーリストの毛束ごとに編集する方法を理解しよう

　　　　　2　毛束を移動する方法を理解しよう

## 髪型の編集画面で毛束を編集しよう

それでは、サンプルデータの「chap3_2_base.vroid」を開いてください。毛束の位置を編集するために、髪の編集画面を開きましょう。

サンプルデータを開く

❶サンプルデータの「base_chap3_2.vroid」を開く

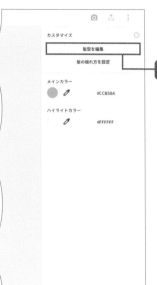

① [髪型] タブを
クリック

② [一体型] タブを
クリック

③ [髪型の編集] をクリック

髪型の編集画面を開く

## 毛束のグループを確認しよう

　ここからは髪型の編集画面で、個々の毛束を編集していきます。ヘアーリストの毛束を1つずつクリックし、どのような毛束に分かれているのかを確認しましょう。前髪部分、後髪部分、ポニーテール部分とそれぞれ複数グループが存在していることがわかります。また、一体型のポニーテールと、つけ髪のお団子は画面左側のタブで分かれているため、切り替えて確認をしてください。

[一体型] タブを表示

[つけ髪] タブを表示

## 毛束の一部を非表示にしよう

　毛束の構成を確認したところで、ポニーテールの後髪部分を非表示にしましょう。[一体型]のタブをクリックし、ヘアーリストから該当の項目を非表示にします。表示切り換えのアイコン（▢）をクリックして切り替えると、対象の毛束を判別しやすいです。今回、非表示にしたい毛束は[手書きグループ8]という名前が付いています。5つあるので、すべて非表示にしましょう。

**ポニーテールの後髪を非表示にする①**

❶ [一体型]タブをクリック

❷ [手書きグループ8]の[▢]をクリックして、毛束を非表示にする

**ポニーテールの後髪を非表示にする②**

[手書きグループ8]はヘアーリストの上と下に分散しているため、スクロールして探しましょう。

❶ ヘアーリストの下にある4つの[手書きグループ8]の[▢]をクリックして、毛束を非表示にする

## お団子部分を毛束ごとに移動しよう

　続いてお団子を下から上に移動させます。毛束を移動させる前に、X軸、Y軸、Z軸について説明しておきましょう。

　VRoid Studioのモデルをはじめとする3Dのキャラクターは、幅を表すX軸、高さ（長さ）を表すY軸、奥行き（太さ）を表すZ軸で、描画される位置や範囲を指定します。

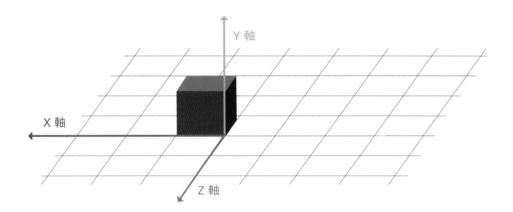

　VRoid Studioでは、移動ツールを使うことで、毛束をはじめとする各種パーツの位置を簡単に移動させることができます。ツールを選ぶと、軸の色を表す矢印が表示されます。また、回転ツールを使うとパーツの角度、拡大ツールを使うと大きさを調整できます。

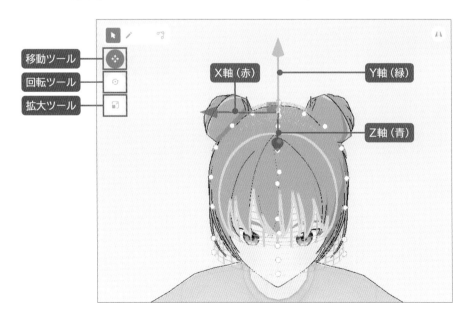

## お団子の位置を下に移動させよう

　まずは、お団子部分のY軸を調整して、上から下へと位置を変更します。移動するときは、モデルを真横から見て確認しましょう。

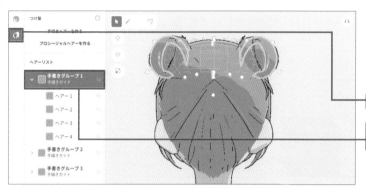

### 毛束を確認する

移動する前に、ヘアーリストでグループをクリックして、どの部分かを確認しましょう。

❶ [つけ毛] タブをクリック

❷ 毛束を選び、どの部分かを確認

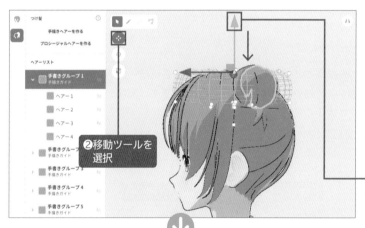

❷移動ツールを選択

### 下に移動する

移動ツールで毛束を移動させましょう。下に移動させたいので、Y軸（緑）の矢印を下に向かってドラッグします。

❶ 毛束を選択した状態であることを確認

❸ 緑色の矢印を下に向かってドラッグ

### 下に移動した状態

お団子の毛束は、耳よりやや下の位置まで下げます。

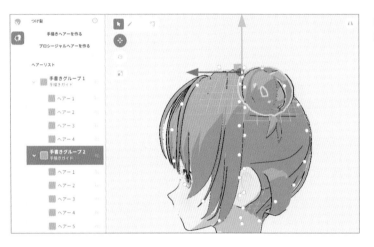

### ほかの毛束も順番に移動する

［手書きグループ7］以外の毛束も同様に移動していきます。

### 移動したあとの状態

［手書きグループ7］以外の毛束を下に移動するとこのような状態になります。多少紙面と高さが異なっていても大丈夫です。

**3**

髪型をアレンジしよう

## 移動が難しい毛束は非表示にしよう

　毛束の向きや角度によっては、移動するだけでは不自然になってしまう場合があります。この髪型の[手書きグループ7] は上向きのハネ毛です。そのため、移動させただけではぴったりと頭のラインにあわず、浮いた状態になってしまいます。

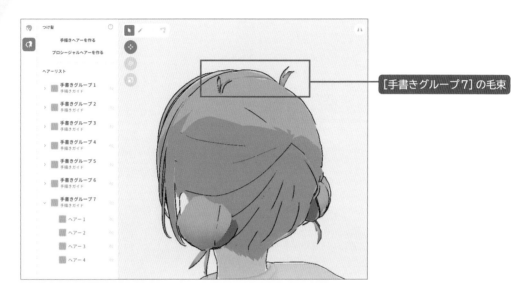

[手書きグループ7] の毛束

　[手書きグループ7] は移動せず、非表示にすることにしましょう。

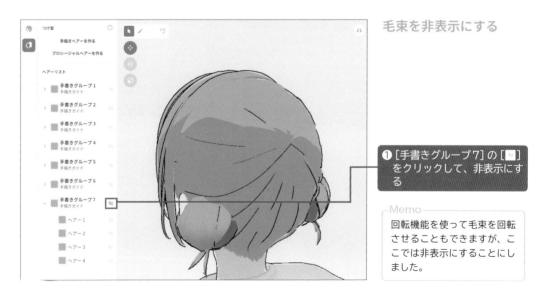

毛束を非表示にする

❶[手書きグループ7] の [🚫]
をクリックして、非表示にする

Memo

回転機能を使って毛束を回転
させることもできますが、こ
こでは非表示にすることにし
ました。

## お団子の奥行きを調整しよう

お団子部分を下に移動できました。しかし、今の状態ではお団子部分が耳に重なってしまっています。
Y軸（高さ）と同じように、Z軸（奥行き）も移動ツールを使って毛束を1つずつ移動させましょう。

**奥に移動する**

❶ グループを選択した状態であることを確認

❷ 移動ツールを選択

❸ 青色の矢印を奥方向にドラッグ

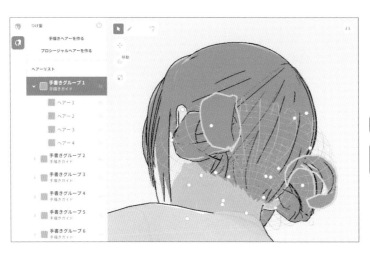

**視点を変えながら作業する**

右ドラッグで視点を移動させながら位置をあわせていきましょう。

❶ 右ドラッグで視点を移動

❷ 毛束の位置がぴったり合うように移動

著者の手元ではこのような状態になりました。お団子の位置が耳と重ならない位置に移動できれば、紙面と多少の違いがあっても問題ありません。

　変更した髪型は、カスタムアイテムとして保存されます。髪型の編集画面を閉じる際は、上書き保存を忘れないようにしてください。

## 完成

　お団子の位置が不自然でないか、確認してみましょう。頭から浮いてしまっている毛束がある場合は、移動ツールで調整するといいでしょう。

　このように、プリセットアイテムを組み合わせ、毛束の位置を調整するだけで、アレンジの幅が広がります。

# 髪の長さを変えよう

ガイドメッシュを操作することで、より細かく髪型をアレンジできます。ここでは、ガイドメッシュの操作方法を説明していきます。

髪の編集画面もかなりわかってきました！　もっと髪型のアレンジに挑戦してみたいです

今度は髪型のガイドメッシュを変形して、長さや形をアレンジしてみるのはどうかな

ガイドメッシュって毛束を選択したときに表示される緑色の網目のやつですよね。あれって操作できるんですか？

ガイドメッシュも操作できるよ。ガイドメッシュを操作して、髪の長さを短く変えてみよう

　拡大ツールとガイドメッシュを操作して、髪の長さを変えてみましょう。また毛の1本1本を表現するための制御点と呼ばれるものを調整して、毛の流れを調整する方法も説明します。
　ここでは、サンプルデータの「base_chap3_3.vroid」を使います。「base_chap3_3.vroid」はストレートなロングヘアですが、外ハネのミディアムヘアへとアレンジします。

「base_chap3_3.vroid」の髪型は、横に流す前髪、横髪が短いロングの後髪です。なお、髪の色は薄い茶色（#AD958F）にしています。

横に流す前髪
（前髪27）

横髪が短いロングの
後髪（後髪14）

**Flow**

1 拡大ツールで毛束ごとに髪の長さを変えてみよう

2 ガイドメッシュの操作方法を学ぼう

3 髪の重なりなどを確認して、細部を調整してみよう

## 調整する前に下準備をしておこう

それではサンプルデータを開きましょう。毛束の位置を調整するのと同じように、髪型の編集画面で髪の長さを変更します。

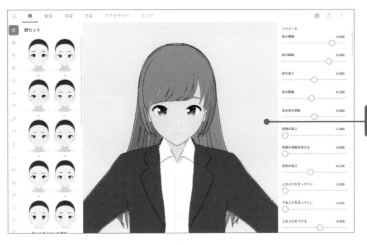

サンプルデータを開く

❶サンプルデータの「base_chap3_3.vroid」を開く

110

## ヘアーリストでグループごとに名前を付けて整理する

　調整する毛束が多いときは、下準備としてグループの名前を変更しておくと、どの毛束がどの部分なのかを判別しやすくなります。また、ここでは前髪と後髪を区別しやすくするために、前髪の色を変更しています。読者の皆さんは、変更せずに進めてください。

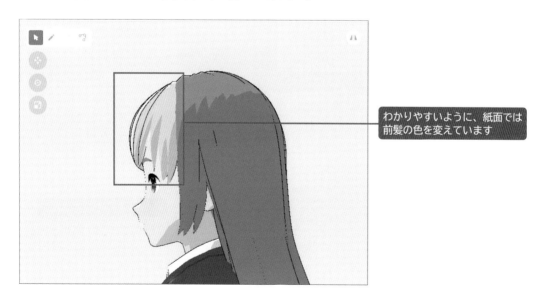

わかりやすいように、紙面では
前髪の色を変えています

　それでは［後髪］タブを表示して、毛束の名前を変更しましょう。

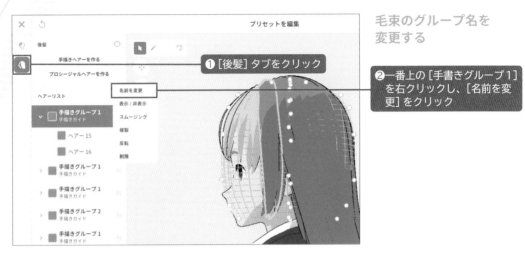

## 毛束のグループ名を変更する

❶［後髪］タブをクリック

❷一番上の［手書きグループ1］を右クリックし、［名前を変更］をクリック

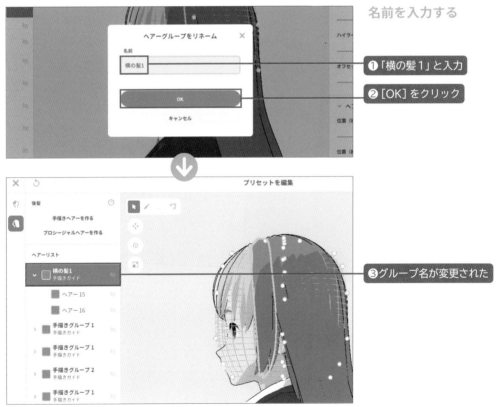

## 名前を入力する

❶「横の髪1」と入力

❷［OK］をクリック

❸グループ名が変更された

同じ手順ではかのグループの名前も次の表のとおりに変更してください。

### ■グループ名の変更一覧

| 順番 | 変更前 | 変更後 |
|---|---|---|
| 1 | 手書きグループ1 | 横の髪1 |
| 2 | 手書きグループ1 | 横の髪2 |
| 3 | 手書きグループ1 | 後ろ髪(外側A) |
| 4 | 手書きグループ2 | 後ろ髪(外側B) |
| 5 | 手書きグループ1 | 後ろ髪(内側A) |
| 6 | 手書きグループ2 | 遊び髪(後ろA) |
| 7 | 手書きグループ7 | 遊び髪(後ろB) |
| 8 | 手書きグループ2 | 遊び髪(後ろC) |
| 9 | 手書きグループ1 | 横の髪3 |
| 10 | 手書きグループ2 | 後ろ髪(内側B) |

## 拡大ツールで髪の大きさ(長さ)を調整しよう

それでは毛束の大きさ(長さ)を順番に調整していきましょう。髪の長さは、拡大ツールを使って、Y軸の大きさを小さく(縮小)します。

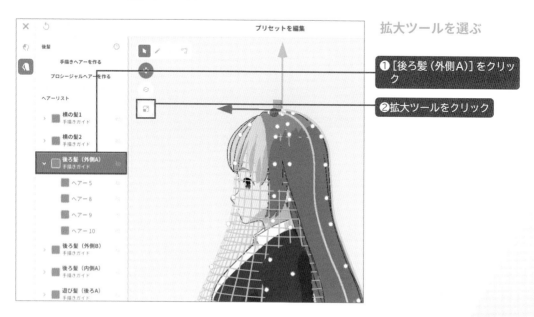

**拡大ツールを選ぶ**

❶[後ろ髪(外側A)]をクリック

❷拡大ツールをクリック

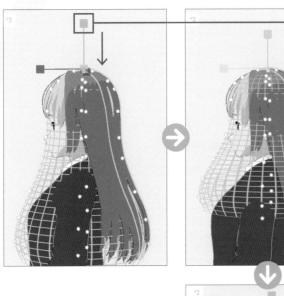

**毛束を縮小する**

❶Y軸（緑）の先端の四角をクリックしたまま、下方向にドラッグ

❷肩より少し長い程度にする

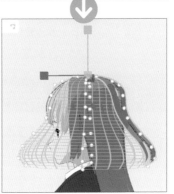

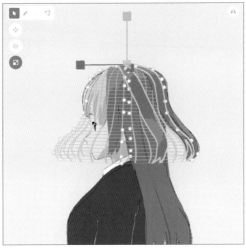

**ほかの毛束も縮小する**

同様の手順で［後ろ髪］と［遊び髪］のY軸を縮小しましょう。なお、［横の髪］は短いため、Y軸の縮小は不要です。

すべての後ろ髪を
短くした状態

すべての後ろ髪が短くできた
ら、拡大ツールによる髪の大き
さ調整は完了です。

## ガイドメッシュを操作して形を変えよう

　毛束はガイドメッシュと呼ばれる網目にそって描画されます。このガイドメッシュの形を調整することで、毛束の形を調整できます。モデルを正面から見て、左右方向の形を整えていきましょう。ガイドメッシュは、選択ツールを使って形を変更することができます。左右対象になるように左右対称モードはONにした状態で、制御点と呼ばれる白い丸を1つずつドラッグして左右の広がりを抑えます。地道な作業になりますが、少しずつ形を変えていきましょう。

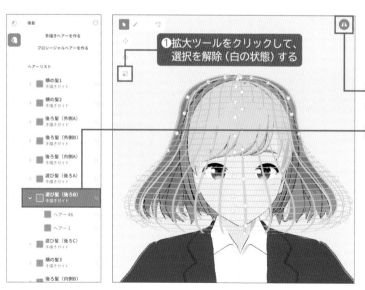

❶拡大ツールをクリックして、
選択を解除（白の状態）する

正面からガイドメッシュ
を操作①

❷［⚠］をクリックして、左右
対称モードをON（青色の状
態）にする

❸［遊び髪（後ろB）］をクリック

Memo

グループごとにガイドメッシュを操作することで、グループに含まれる個々の毛を同時に変更できます。

正面からガイドメッシュ
を操作②

❶右側にある下から3つ目の制御点（白い丸）を左に向かってドラッグ

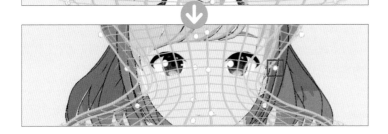

正面からガイドメッシュ
を操作③

❶右側にある下から4つ目の制御点を左に向かってドラッグ

正面からガイドメッシュ
を操作④

❶右側のまゆげの横（下から5つ目）にある制御点を左に向かってドラッグ

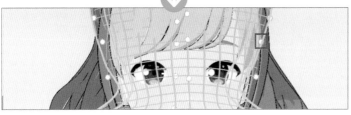

正面からガイドメッシュ
を操作⑤

❶右側のまゆげより上（下から
6つ目）にある制御点を左に
向かってドラッグ

正面からガイドメッシュ
を操作⑥

❶右側にある上から5つ目の制
御点を左に向かってドラッグ

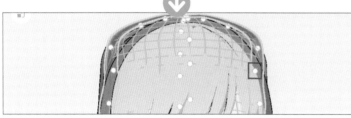

正面からガイドメッシュ
を操作⑦

❶右側にある上から4つ目の制
御点を左に向かってドラッグ

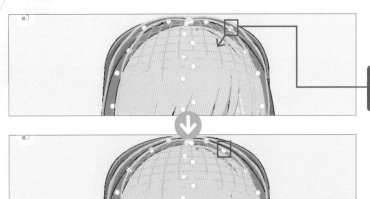

正面からガイドメッシュ
を操作⑧

❶右側にある上から３つ目の制
御点を左下に向かってドラッ
グ

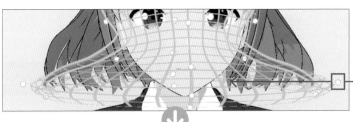

正面からガイドメッシュ
を操作⑨

❶右側にある下から２つ目の制
御点を左に向かってドラッグ

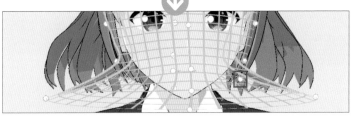

正面からガイドメッシュ
を操作⑩

❶右側にある一番下の制御点を
左に向かってドラッグ

ガイドメッシュで整えた
あとの状態

これで［遊び髪（後ろB)]は外
ハネになりました。

［横の髪］以外を同様の手順で、外ハネになるようガイドメッシュの形を変えていきましょう。

［遊び髪（後ろC)]を調整

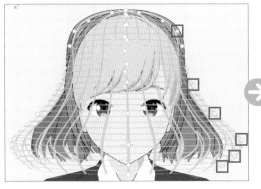 

［遊び髪（後ろA)]を調整

[後ろ髪（外側B）] を調整

[後ろ髪（内側B）] を調整

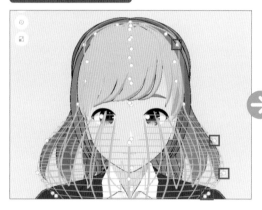 

[後ろ髪（内側A）] を調整

 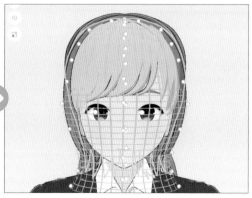

作業的には少し大変ですが、これですべてのグループの横幅のボリュームを抑えられました。なお、[横の髪1][横の髪2][横の髪3]、[後ろ髪（外側A）]は横に広がっていないため、ここでは変更していません。

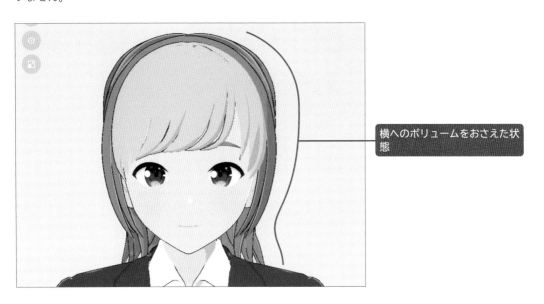

横へのボリュームをおさえた状態

## 横からガイドメッシュを操作して外ハネを作ろう

次は視点を横からに変えて前後方向の形を整えていきます。今度は真っ直ぐにするだけでなく外ハネ風のアレンジも加えてみましょう。

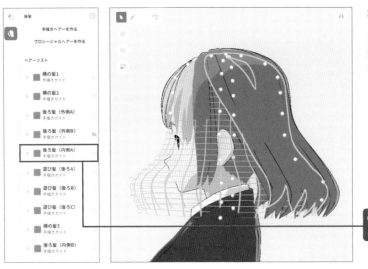

### 横向きにして調整する

先ほどと同様に、毛束ごとに選択ツールとガイドメッシュで奥行き方向の広がりを抑えていきます。

❶［後ろ髪（内側A）］をクリック

横からガイドメッシュを
操作①

❶右側の下から3つ目の制御点
を左に向かってドラッグ

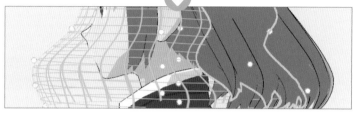

横からガイドメッシュを
操作②

❶右側の下から4つ目の制御点
を左に向かってドラッグ

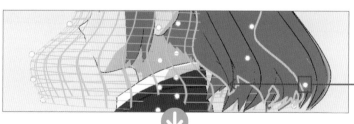

横からガイドメッシュを
操作③

❶右側の下から2つ目の制御点
を左に向かってドラッグ

横からガイドメッシュを
操作④

❶右側の一番下の制御点を左に
向かってドラッグ

［横の髪］以外を同様の手順で、外ハネになるようガイドメッシュの形を変えていきましょう。

### ［後ろ髪（内側B）］の調整

### ［後ろ髪（外側A）］の調整

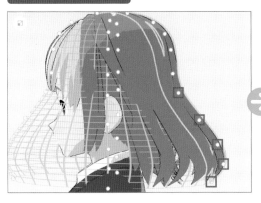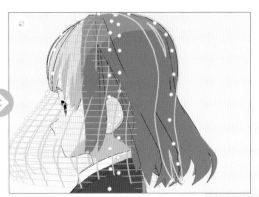

[遊び髪（後ろC）]の調整

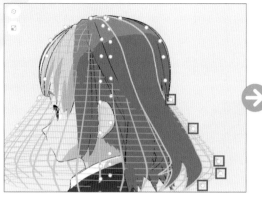 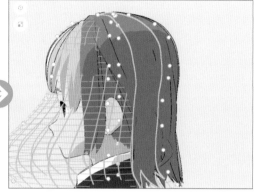

[遊び髪（後ろA）]の調整

[遊び髪（後ろB）]の調整

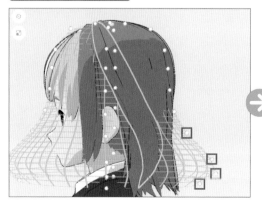 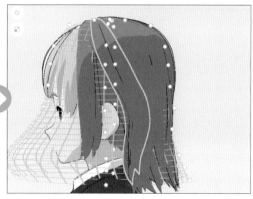

地道な作業でしたが、これで奥行きのボリュームを抑えつつ、やや外ハネした状態になりました。

なお、［横の髪1］［横の髪2］［横の髪3］については、もともと広がっていないため、調整は不要です。また、［後ろ髪（外側B）］も調整していません。

## 毛束の細部を整えよう

長さの調整はできたので、全体を見ながら細部を確認していきます。全体を見回すと、頭皮にあたる部分が見えたり、髪の重なりによって影になっている部分が見つかると思います。ここではツールやスムージングという機能も使って、毛の流れを整えていきます。

## 毛束の量を調整しよう

　ミディアムヘアーへと長さを変更したことにより、著者としては毛束の量が気になりました。少しボリュームを抑えたい場合は、非表示にしても大きな影響を与えない毛束を非表示にしてもよいでしょう。

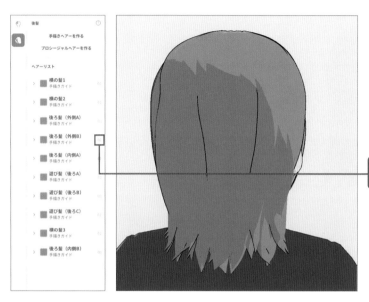

### 毛束を非表示にする

著者の場合は、[後ろ髪（外側B）]を非表示にしてもスキマは発生しないため、この部分を非表示にすることにします。ボリュームがある髪のほうが好みだ、という方は非表示にせず残してもよいでしょう。

❶ [後ろ髪（外側B）]を非表示にする

### 毛束が減った状態

毛束が減ったことで、著者の手元では肩下の髪の重なりがすっきりとしました。髪の状態によっては毛束を非表示にすると、頭部に凹凸が発生する可能性があります。その場合は、P.127のような手順で、横から見てバランスを調整しましょう。

髪の毛の量が減った状態

## うねった毛をスムージングで調整しよう

　毛の1本1本にも、毛の流れを表す制御点があります。この制御点のつながりがカクカクしていると、毛がうねってしまい、アニメーションで動かした際に、不自然な動きになってしまいます。静止していると気づきにくいですが、不自然な毛のうねりもできれば解消しておきましょう。

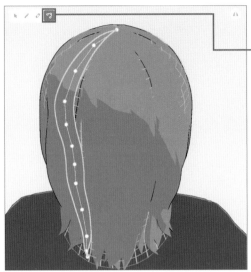

### 毛のうねりを確認する

❶制御点ツールを選択

❷毛の1本1本をクリックして、うねりを確認

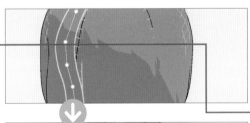

### スムージング機能を使う

著者の手元では、［後ろ髪（外側A）］の［ヘアー5］がうねっていました。スムージングを使って、毛の流れを整えます。

❶［後ろ髪（外側A）］-［ヘアー5］を右クリックして、［スムージング］をクリック

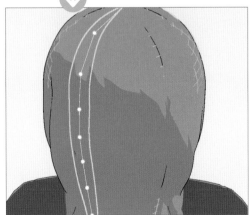

**Memo**

スムージングは、制御点を減らして毛の流れをなめらかにする機能です。逆に、制御点ツールの隣にある修正ブラシというツールを使うと、ドラッグした部分に制御点を追加できます。

## 横から見てバランスを調整しよう

最後に、横から見て長さやシルエットを調整していきます。ガイドメッシュの制御点の操作方法はここまでの流れと同じです。

**再び横向きにする**

違和感のある部分を探してみましょう。

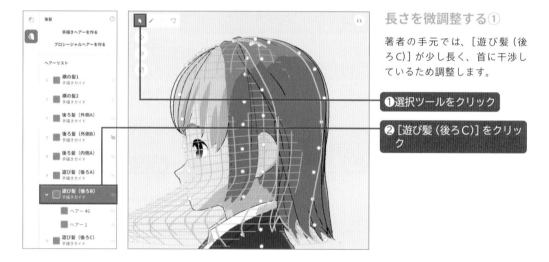

**長さを微調整する①**

著者の手元では、［遊び髪（後ろC）］が少し長く、首に干渉しているため調整します。

❶選択ツールをクリック

❷［遊び髪（後ろC）］をクリック

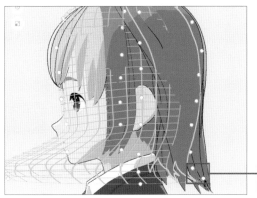

長さを微調整する②

❶右側にある下2つの制御点を
上にドラッグ

長さを微調整する③

❶［後ろ髪（内側B）］をクリック

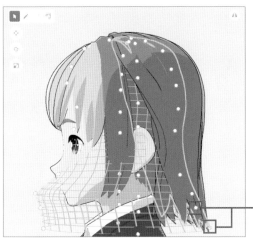

長さを微調整する④

❶右側にある下2つの制御点を
上にドラッグ

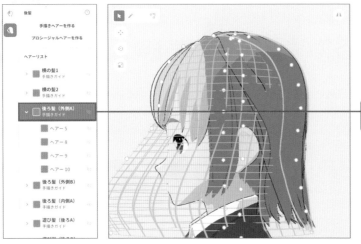

## 外ハネを微調整する①

[後ろ髪（外側A）] は外ハネが
大きくなるように調整します。

**❶** [後ろ髪（外側A）] をクリック

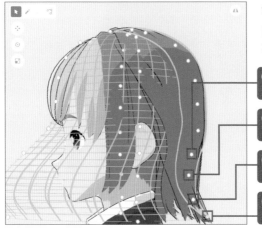

## 外ハネを微調整する②

[後ろ髪（外側A）] は外ハネが
大きくなるように調整します。

**❶** 右側にある下から4つ目の制御点を左上にドラッグ

**❷** 右側にある下から3つ目の制御点を左上にドラッグ

**❸** 右側にある下から2つ目の制御点を左上にドラッグ

**❹** 右側にある一番下の制御点を上にドラッグ

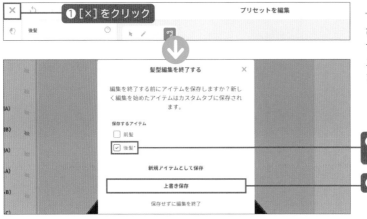

## 上書き保存をする

ひととおり調整できたところ
で、髪型の編集画面を閉じ、カ
スタムアイテムを上書き保存し
ましょう。

**❶** [×] をクリック

**❷** [後髪] にチェックマークが付いていることを確認

**❸** [上書き保存] をクリック

## 撮影画面で確認しよう

地道な作業でしたが、ロングヘアーからミディアムヘアーへと髪型を変えられたでしょうか？　動かしたときに不自然な動きにならないか、撮影画面で確認してみましょう。

**撮影画面を開く**

**❶撮影をクリック**

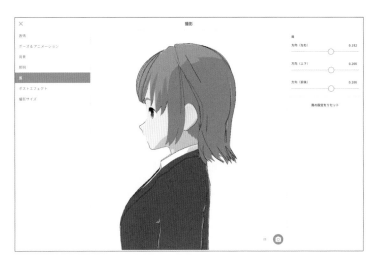

**風を吹かせる**

風を吹かせて、髪の動きを確認してみましょう。気になるところがあれば、髪型の編集画面に戻って、不自然なところを探してみてください。

プリセットアイテムで選んだロングヘアーから、ミディアムヘアーへとアレンジができました。この方法を利用することで、ほかのプリセットアイテムから独自の髪型へとアレンジすることが可能です。ぜひ、さまざまな髪型作りに挑戦してみてください。

3

髪型をアレンジしよう

## 毛の制御点を個々に動かす

P.127ではスムージングを使って、1本1本の毛の流れを調整する説明をしましたが、思いどおりの形にならない場合があります。そのようなときは、毛の制御点を1つずつ動かして調整することをおすすめします。細かい作業になりますが、より理想に近い毛の流れを作れます。

制御点を1つずつ
動かす

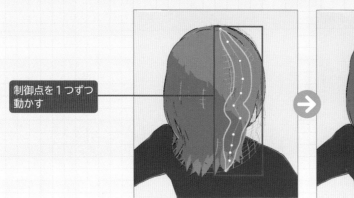
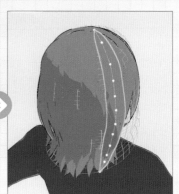

Chapter

# 4

写真を参考に
モデルを作ろう

# Section 01 写真を参考に モデルを作ろう

自分に似せたモデルを作りたいときなど、写真を参考にしながら顔を作るとよいでしょう。ここではどのようにしてモデルを写真に似せていくか、ポイントを解説します。

モデルの顔や髪を上手く決めていけない場合は、写真を元に作るのもありって聞きました

うん。写真から目の形や口の位置などを読み取って、適度にデフォルメしつつ調整すれば本人に似せたモデルを作れるよ

え……写真からデフォルメするなんて難しそうですね

順番にやっていけば意外と簡単だよ。デフォルメのコツや数値調整のポイントを解説していくね

　本章では、写真を参考にしながらモデルの顔を作るコツを説明します。例として、左下の女性の写真を参考に、右下のモデルを作っていきます。

写真の出典：maroke/ イメージマート

　写真を参考にモデルを作るときは、最低でも正面と横顔（斜め横）の2枚の写真を用意しておくことをおすすめします。また、無表情のほうが目や鼻のパーツの位置を決めやすいです。もし、さまざまな表情や角度の写真があるようでしたら、それらも参考に作るとより目標に近づけると思います。

　ここでは、顔に焦点をあてて、写真に似せるコツを説明します。髪型や服を写真に似せたモデルを用意しているので、配布している「base_chap4.vroid」を利用してください。

4

写真を参考にモデルを作ろう

**Flow**

1 プリセットアイテムだけで顔をざっくりと近付けよう

2 顔アイテムの位置や大きさをパラメータで調整しよう

3 目の輪郭の部分はていねいに設定してより本人に近付けよう

# プリセットアイテムだけで写真に近づけよう

まずは顔のプリセットアイテムを選んでいきましょう。また写真にあわせて、瞳やまゆげなどの色も変更していきます。

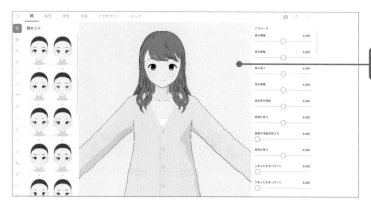

## ファイルを開く

**❶**「base_chap4.vroid」を開く

## 瞳を選ぶ

キラキラしているとアニメっぽさがあるので、黒目がはっきりしつつシンプルなものを選びます。

**❶** [顔] タブの [瞳] タブをクリック

**❷** [瞳4] をクリック

## 瞳の色を変更する

デフォルト状態ですと、かなり明るい茶色で似合わないため、少し暗めの茶色に変更します。

**❶**「9B8676」と入力

## 瞳のハイライトを選ぶ

白い光の部分が小さいものを選びます。あえてマンガやアニメっぽくしたい場合は、白い光の部分が大きいものを選ぶのもよいでしょう。

❶ [瞳のハイライト] タブをクリック

❷ [瞳のハイライト４] をクリック

## まゆげを選ぶ

写真の女性は、やや太めかつ目と並行なので似たものを選びます。

❶ [まゆげ] タブをクリック

❷ [まゆげ19] をクリック

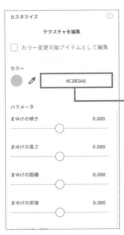

## まゆげの色を変更する

子鹿のようなやや明るい茶色にします。

❶ 「C3B3A6」と入力

4

写真を参考にモデルを作ろう

## アイラインを選ぶ

細めで目頭と目尻がどちらもシンプルなデザインにします。

**1** [アイライン]タブをクリック

**2** [アイライン2]をクリック

## アイラインの色を変更する

瞳の色に近い少し暗めの茶色に変更します。

**1** 「998C82」と入力

## まつげを選ぶ

実際のまつげのように、1本1本が細いものを選びます。

**1** [まつげ]タブをクリック

**2** [まつげ15]をクリック

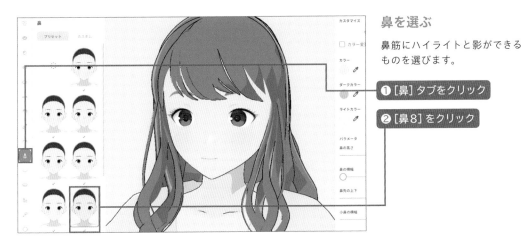

## 鼻を選ぶ

鼻筋にハイライトと影ができる
ものを選びます。

❶ [鼻] タブをクリック

❷ [鼻8] をクリック

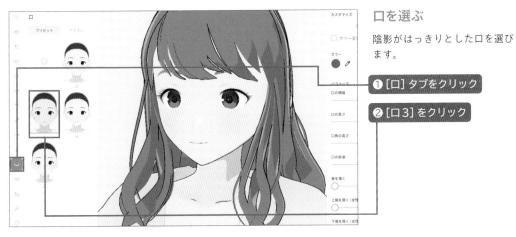

## 口を選ぶ

陰影がはっきりとした口を選び
ます。

❶ [口] タブをクリック

❷ [口3] をクリック

## 口の色を変更する

口の色は、口の輪郭線に設定さ
れます。デフォルトは茶色なの
で、茶色みのある赤に変更しま
す。

❶ 「D94D4F」と入力

顔に設定したプリセットアイテムと色は次の表にまとめます。

■顔のアイテム変更箇所

| 部位 | アイテム | 色 |
|---|---|---|
| 瞳 | 4 | ■9B8676 |
| 瞳のハイライト | 5 | ― |
| まゆげ | 19 | ■C3B3A6 |
| アイライン | 2 | ■998C82 |
| まつげ | 15 | ― |
| 鼻 | 8 | ― |
| 口 | 3 | ■D94D4F |

## 目の位置や大きさをパラメータで調整しよう

ここからは各パーツの位置や大きさを細かく調整して、より写真の女性に近づけていく重要な作業です。どこを調整するか作戦を立てるために、正面を向いたモデルと正面写真を並べてよく見比べてみましょう。

線や囲みを入れるとよりわかりやすくなりますが、特に「目」「眉毛」「顔の輪郭」が違っていることに気づいたのではないでしょうか。今回のモデルに限らず、この3項目が大事なことが多いと思います。以降の調整では、「目」「眉毛」「顔の輪郭」を頑張って近づけていきましょう。

## 目は時間をかけて似せていこう

「目」「まゆげ」「顔の輪郭」の中でも、「目」は時間をかけてしっかり似せていきましょう。まずは、目のパラメータを設定するために、[目セット]タブを表示してください。

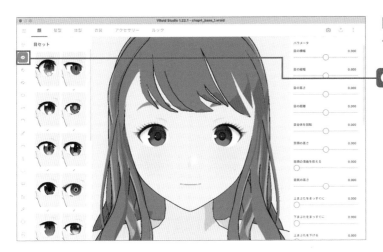

**目のパラメータを表示する**

❶ [目セット]タブをクリック

目の調整では、「目の位置」「目の大きさ」「目の形状」を意識して、デフォルメしていくことが大切です。目の位置や目の角度がわかるように、参考にしている写真とVRoid Studioのスクリーンショットに線を引いて比較してもよいでしょう。

また、目の調整では「目の位置」と「耳の位置」の関係性に注目することがポイントです。目の高さはほんの少し変えるだけで、大きく印象が変わります。耳の位置と比較しながら写真と近づけていきましょう。目の位置が高いほど大人っぽい印象になります。

### ⬡ ［目の高さ］の調整

「0.000」だと10代中頃、「0.600」だと10代後半から20代前半、「1.200」だと20代後半以降という印象を受けるのではないでしょうか。今回は写真の女性と同じく大人な印象にしたいので「1.200」にします。

次は［目の距離］です。数値が小さいほど左右の目が近づき、大きいほど左右の目が離れます。

### ⬡ ［目の距離］の調整

写真の女性は、左右の目が近いので「-0.502」にします。このように、目の位置は［目の高さ］と［目の距離］で調整できます。

今度は、目の大きさを調整していきましょう。ここでは［目の横幅］のみで調整します。

### [目の横幅] の調整

ここでは写真の女性のパッチリとした目の印象を活かして誇張するために、やや大きめに「0.604」に設定します。

最後に目の形状です。目の形状のポイントは、瞳の見えている部分の形が似るように整えていくことです。特に、**瞳の上側がどれくらい見えているか、瞳の下側が隠れているかいないか**を意識して似せていきましょう。

瞳の上側の見え方は、[目頭の高さ] で調整できます。数値が小さくなることで、目頭が下がり瞳の上側の隠れ方が変わります。

### [目頭の高さ] の調整

ここでは数値を「-1.700」と低めにします。

そして次は、[下まぶたを上げる] による設定です。

## ⬢ ［下まぶたを上げる］の調整

「-1.000」の状態

「0.000」の状態

「1.000」の状態

瞳の下側が少し隠れるようにしたいため、「1.000」にします。これで目のパラメータが決まりました。確定した数値は次のとおりなので、入力してください。変更箇所は表にもまとめておきます。

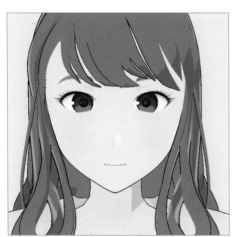

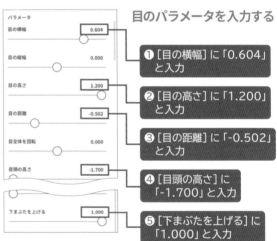

**目のパラメータを入力する**

❶ ［目の横幅］に「0.604」と入力

❷ ［目の高さ］に「1.200」と入力

❸ ［目の距離］に「-0.502」と入力

❹ ［目頭の高さ］に「-1.700」と入力

❺ ［下まぶたを上げる］に「1.000」と入力

### ■ 目のパラメータ設定

| 項目 | 変更前 | 変更後 |
|---|---|---|
| 目の横幅 | 0.000 | 0.604 |
| 目の高さ | 0.000 | 1.200 |
| 目の距離 | 0.000 | -0.502 |
| 目頭の高さ | 0.000 | -1.700 |

| 項目 | 変更前 | 変更後 |
|---|---|---|
| 下まぶたを上げる | 0.000 | 1.000 |

## 瞳を調整しよう

　目の位置や大きさなどが決まったら、次は瞳の位置と大きさを調整しましょう。少し寄り目ぎみなので、瞳の位置を離します。

**瞳タブを表示する**

❶[瞳]タブをクリック

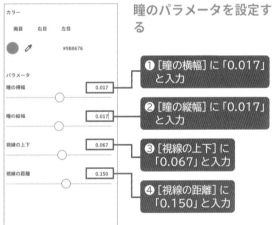

**瞳のパラメータを設定する**

❶[瞳の横幅]に「0.017」と入力

❷[瞳の縦幅]に「0.017」と入力

❸[視線の上下]に「0.067」と入力

❹[視線の距離]に「0.150」と入力

### 瞳のパラメータ変更

| パラメータ | 変更前 | 変更後 |
| --- | --- | --- |
| 瞳の横幅 | 0.000 | 0.017 |
| 瞳の縦幅 | 0.000 | 0.017 |

| パラメータ | 変更前 | 変更後 |
| --- | --- | --- |
| 視線の上下 | 0.000 | 0.067 |
| 視線の距離 | 0.000 | 0.150 |

## まゆげを調整しよう

まゆげは位置と太さを調整するだけで、写真に近づけることがでます。特徴的なまゆげの場合、テクスチャを編集して、自分で描いてもよいです。まずは［まゆげ］のパラメータを表示しましょう。

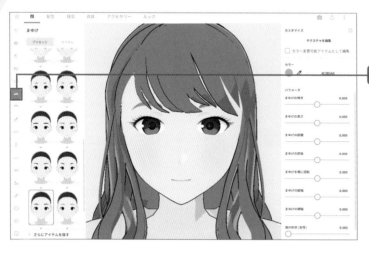

まゆげのパラメータを表示する

❶ ［まゆげ］タブをクリック

それでは、まゆげを調整する流れを説明していきます。まゆげの各種パラメータの設定による変化がわかりやすいように、ここでは前髪を非表示にしています。読者の皆さんは、前髪を表示したままでも問題ありません。

まゆげは、［まゆげの横幅］と［まゆげの縦幅］から調整することをおすすめします。大きさを決めてから、位置を調整したほうが作業しやすいと思います。

### ⬢ ［まゆげの横幅］の調整

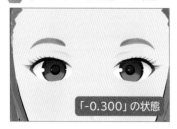

写真のモデルは、目よりまゆげがやや長いので［まゆげの横幅］は「0.300」にして、［まゆげの縦幅］を変えてみましょう。

### ◈ ［まゆげの縦幅］の調整

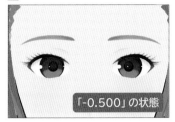  

写真のモデルは、やや太めなまゆげなので、［まゆげの縦幅］は「0.185」がちょうどよさそうです。大きさが調整できたところで次は位置です。［まゆげの高さ］と［まゆげの距離］を調整していきます。先に［まゆげの高さ］を調整しましょう。

### ◈ ［まゆげの高さ］の調整

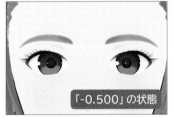  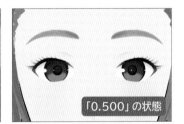

デフォルトの「0.000」でも写真のモデルに近いですが、「-0.090」にしてほんの少しだけ位置を下げることにします。次に［まゆげの距離］です。

### ◈ ［まゆげの距離］の調整

 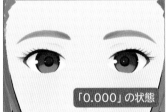 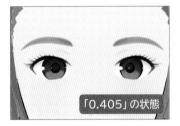

写真を参考に、眉頭を目頭と同じ位置になるように「0.405」にします。最後に［まゆげの傾き］を調整しましょう。［まゆげの傾き］は、数値が小さくなると眉尻が上がり、数値が大きくなると眉頭が上がります。

## ● [まゆげの傾き] の調整

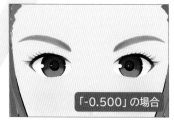
「-0.500」の場合

「0.035」の場合

「0.500」の場合

　ここでは「0.035」にして、ほんの少しだけ眉頭を上げます。まゆげの調整は以上です。次のように
パラメータに数値を入力してください。

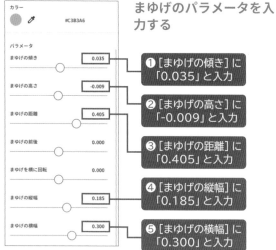

**まゆげのパラメータを入力する**

① [まゆげの傾き] に「0.035」と入力

② [まゆげの高さ] に「-0.009」と入力

③ [まゆげの距離] に「0.405」と入力

④ [まゆげの縦幅] に「0.185」と入力

⑤ [まゆげの横幅] に「0.300」と入力

### ■ まゆげのパラメータ設定

| 項目 | 変更前 | 変更後 |
|---|---|---|
| まゆげの傾き | 0.000 | 0.035 |
| まゆげの高さ | 0.000 | -0.009 |
| まゆげの距離 | 0.000 | 0.405 |
| まゆげの縦幅 | 0.000 | 0.185 |
| まゆげの横幅 | 0.000 | 0.300 |

## 顔の輪郭を調整しよう

次は「顔の輪郭」を調整しましょう。「顔の輪郭」といっても関連するパラメータはいくつかあるのですが、ここでは「あご」と「ほほ」の位置を調整します。「あご」と「ほほ」の位置を、[肌] タブのパラメータで操作します。

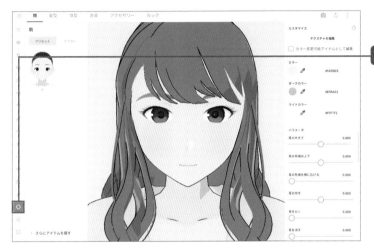

**[肌] タブを表示する**

❶ [肌] タブをクリック

[あご先の上下] と [あご先の横幅] のパラメータで、「あご」を調整していきます。[あご先の上下] のパラメータは、数値が低いほどあごがとがっていき、数値が大きいほど丸いあごになります。

### ◼ [あご先の上下] の調整

「-0.500」の場合

「0.282」の場合

「0.500」の場合

[あご先の上下] を上げると子供っぽい印象になります。ここでは [あご先の上下] を「0.282」に設定します。

続いて［あご先の横幅］です。数値を大きくするとあご先が横に長くなるため、顔の輪郭が楕円に近づきます。

### ◆［あご先の横幅］の調整

「0.000」の場合　　　「1.000」の場合　　　「1.500」の場合

ここでは［あご先の横幅］を「1.500」にして、やや楕円に近づけることにします。男性などがガタイがよいキャラの場合は、［あご先の横幅］の数値をより大きくるといいでしょう。

次は「ほほ」を設定しましょう。［ほほの高さ］［ほほを下膨れに］の2つを設定して、ほほのラインを調整します。［ほほの高さ］は顔の輪郭に影響します。輪郭によって印象が大きく変わるので、写真をよく見ながらその人とそっくりなラインにするといいでしょう。

### ◆［ほほの高さ］の調整

「-1.000」の場合　　　「-0.207」の場合　　　「1.000」の場合

写真の女性は健康的な印象なので、やや数値を下げて「-0.207」とします。

最後に［ほほを下膨れに］です。［ほほを下膨れに］により、ほほをふっくらさせてふくよかな印象にすることができます。

### ◆ ［ほほを下膨れに］の調整

「0.000」の場合

「0.577」の場合

「1.000」の場合

やや下膨れになるよう「0.577」とします。顔の輪郭に関する調整は以上です。次のようにパラメータに数値を入力してください。

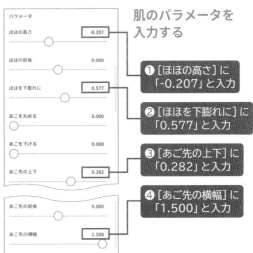

肌のパラメータを入力する

❶ ［ほほの高さ］に「-0.207」と入力

❷ ［ほほを下膨れに］に「0.577」と入力

❸ ［あご先の上下］に「0.282」と入力

❹ ［あご先の横幅］に「1.500」と入力

## 顔の輪郭（肌）の設定

| 項目 | 変更前 | 変更後 |
|---|---|---|
| ほほの高さ | 0.000 | -0.207 |
| ほほを下膨れに | 0.000 | 0.577 |
| あご先の上下 | 0.000 | 0.282 |
| あご先の横幅 | 0.000 | 1.500 |

## 鼻と口を調整しよう

正面を向いたモデルと比較して「目」「まゆげ」「顔の輪郭」の調整を行ったあとは、横顔とも比較しながら「鼻」と「口」を調整しましょう。

### 鼻を調整しよう

鼻を調整するときは、真横と正面で視点を切り替えて、確認しながら調整を行います。

**鼻のパラメータを表示する**

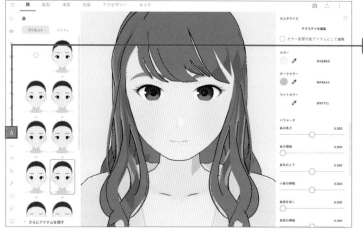

❶［鼻］タブをクリック

鼻は特に横から見たときに本人を特徴付けるポイントになります。位置を決めてから、高さや横幅などの形状を調整しましょう。

［鼻全体の高さ］というパラメータがあるので、まずはそこから調整しましょう。［鼻全体の高さ］を変更することで、鼻そのものの高さが変わります。数値が低いほど位置が低く、高いほど位置が高くなります。

## ◢ [鼻全体の高さ] の調整

目と鼻の位置が写真の女性に似るよう、ここでは「-0.070」に設定します。

続いて、[鼻の下の前後] です。このパラメータは正面だと変化がわかりづらいのですが、横から見ると違いがわかります。数値が小さいと鼻と口の間がへこみ、数値が大きいと鼻と口の間がふくらみます。デフォルメ感を強くしたいときは、数値を大きくするとよいでしょう。

## ◢ [鼻の下の前後] の調整

ここでは「-0.370」に設定します。

次に鼻の大きさに関わるパラメータである［鼻の横幅］です。［鼻の横幅］はモデルの正面から確認しましょう。数値が小さければ横幅が小さくなり、数値が大きければ横幅が大きくなります。

### ◢ ［鼻の横幅］の調整

写真の女性の鼻は、小さすぎず、また大きすぎでもないので「0.652」にしましょう。

最後に［鼻の高さ］です。［鼻の高さ］は、ピノキオの鼻が伸びるような感覚で、鼻先の高さを設定します。数値が小されば鼻先が低く、数値が大きければ鼻先が高くなります。

### ◢ ［鼻の高さ］の調整

写真の女性にあわせて、数値は少し低めの「-0.573」にしましょう。

以上で鼻に設定するパラメータが決まりました。次のようにパラメータに数値を入力してください。

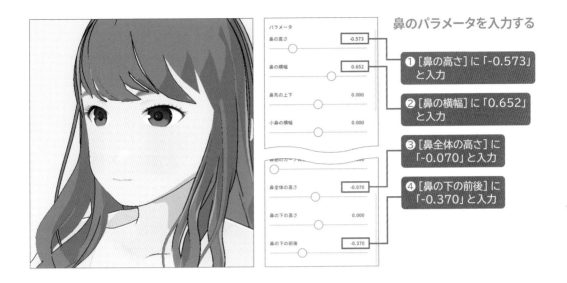

鼻のパラメータを入力する

❶ [鼻の高さ]に「-0.573」と入力

❷ [鼻の横幅]に「0.652」と入力

❸ [鼻全体の高さ]に「-0.070」と入力

❹ [鼻の下の前後]に「-0.370」と入力

## ■鼻の設定

| 項目 | 変更前 | 変更後 |
|---|---|---|
| 鼻全体の高さ | 0.000 | -0.070 |
| 鼻の下の前後 | 0.000 | -0.370 |
| 鼻の高さ | 0.000 | -0.573 |
| 鼻の横幅 | 0.000 | 0.652 |

# 口を調整しよう

「あご」と「鼻」の位置が定まったところで口の位置も調整します。鼻と口の距離で印象が変わるため、ここでも写真とよく見比べてみてください。

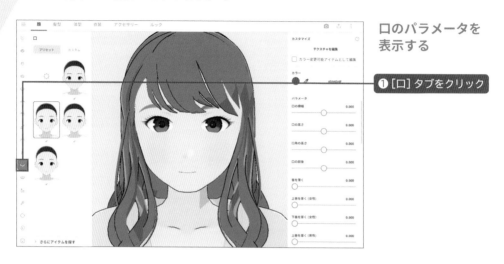

口のパラメータを
表示する

**❶[口]タブをクリック**

口の位置を[口の高さ]で設定し、口の大きさを[口の横幅]で設定します。

まずは[口の高さ]です。目や鼻と同様に、数値が小さければ位置が下になり、数値が大きければ位置が上がります。口の位置が高く口が顔の中心に近づくと子供っぽい印象になります。

### ⬢ [口の高さ]の調整

「-0.500」の状態

「0.000」の状態

「0.502」の状態

ここでは鼻と口の距離を近づけるために、「0.502」としましょう。

続いて[口の横幅]です。こちらも目や鼻と同じく、数値が小さければ横幅が狭くなり、数値が大き

ければ横幅が広くなります。

### ⬡ [口の横幅] の調整

「-0.500」の状態　　　「0.000」の状態　　　「0.493」の状態

写真を見ながらバランスも考えて「0.493」に設定します。

口のパラメータも決まりました。次のようにパラメータを入力しましょう。

 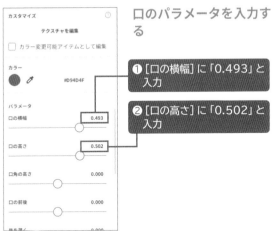

口のパラメータを入力する

❶ [口の横幅] に「0.493」と入力

❷ [口の高さ] に「0.502」と入力

### ▪口のパラメータ設定

| 項目 | 変更前 | 変更後 |
| --- | --- | --- |
| 口の横幅 | 0.000 | 0.493 |
| 口の高さ | 0.000 | 0.502 |

# メイクを調整しよう

前章までで触れなかった設定ですが、人間の化粧（メイク）と同じように VRoid Studio のモデルにも
メイクに関する設定があります。

## 口紅を調整しよう

口紅は特徴がなければ、デフォルト状態のままでもいいと思います。今回の写真の女性は、口紅のピ
ンクが印象的で上唇も存在感を感じます。そのため、著者が用意したテクスチャをインポートする形で
口紅を調整しましょう。

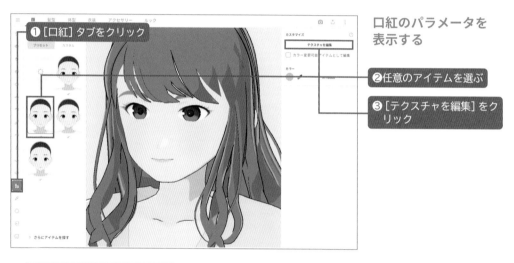

**口紅のパラメータを
表示する**

❶[口紅] タブをクリック

❷任意のアイテムを選ぶ

❸[テクスチャを編集] をク
リック

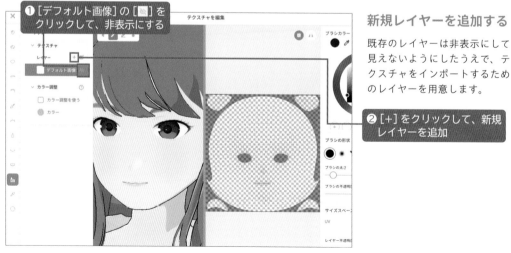

**新規レイヤーを追加する**

既存のレイヤーは非表示にして
見えないようにしたうえで、テ
クスチャをインポートするため
のレイヤーを用意します。

❶[デフォルト画像] の [　] を
クリックして、非表示にする

❷[+] をクリックして、新規
レイヤーを追加

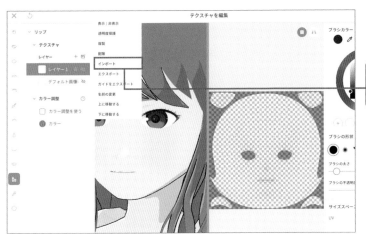

## テクスチャをインポートする

① 追加された [レイヤー1] を右クリックし、[インポート] をクリック

## テクスチャを開く

① 「lip_layer.png」を選ぶ

② [Open] をクリック（Windowsの場合は [開く] をクリック）

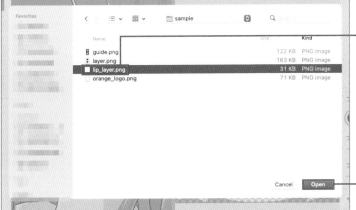

## テクスチャがインポートされた

テクスチャがインポートされた

① [×] をクリック

## アイテムを保存する

❶[上書き保存]をクリック

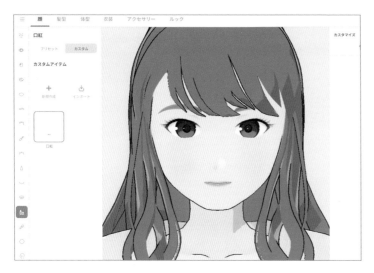

## 口紅の設定完了

カスタムアイテムとして、追加されます。

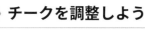

## チークを調整しよう

　いよいよ最後の設定です。写真の女性は、あまりチークが目立つメイクではないため、ここではほほの上のほうに少しだけ色が付くようなプリセットアイテムを選びます。チークの色も変更できますが、デフォルト状態の薄いピンクのままにします。

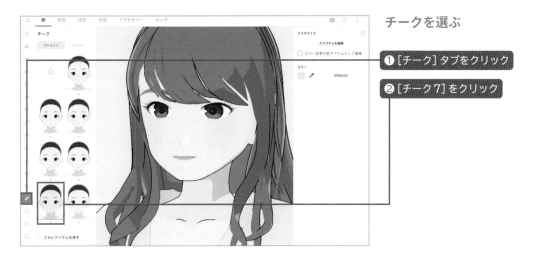

## チークを選ぶ

①[チーク]タブをクリック

②[チーク7]をクリック

### ■ チークの設定

| 変更前のアイテム | 変更後のアイテム |
|:---:|:---:|
| 8 | 7 |

## チークの見え方

チークを設定するときは、一度濃い色に設定すると、色のつき方がわかりやすくなります。下記は[チーク7]で色を変更したときの違いです。

[カラー]が「FFDDD0」の状態（デフォルト）

[カラー]が「FF1500」の状態

# 表情を確認してみよう

撮影画面に入る前に、[表情編集] タブで表情をチェックしてみましょう。[表情編集] タブでは、モデルの表情に関するパラメータを設定でき、撮影画面で設定した表情に切り替えられます。ここでは設定は変更せず、口の動きのみを確認してみます。

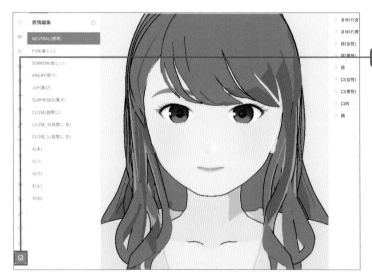

### 表情の設定を表示する

**❶ [表情編集] タブをクリック**

### 表情の設定を表示する

視点を変えながら、口紅などが自然かどうかを確認しましょう。

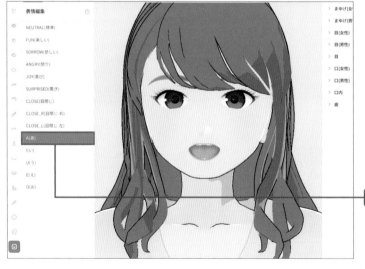

**❶ [A(あ)] をクリック**

## 表情を変更する

ほかの表情にも切り替えて、口の動きを確認してみましょう。[E(え)]を選択すると、今回のモデルの笑顔と唇が似ていていい感じですね。

**❶ [E(え)]をクリック**

─ Memo ─
画面右側にある[歯]に関するパラメータを変更すると、歯を隠すこともできます（P.164）

## 撮影画面で動かしてみよう

最後に、撮影の画面で動かしてみて、写真の女性に似た顔のモデルになったか確認してみましょう。

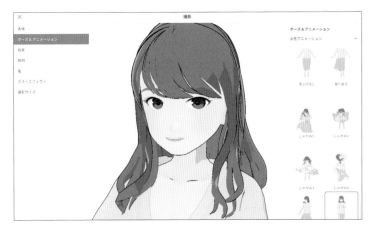

## モデルを動かそう

P.27と同様に、風やポーズ＆アニメーションなどを設定して、モデルを動かしてみましょう。

─ Memo ─
表情を変えたあと、デフォルトの状態に戻らないときは、表情のパラメータがすべて0になっているかを確認してください

4
写真を参考にモデルを作ろう

## 表情編集で表情を独自に設定できる

P.162でも説明したとおり、表情編集ではVRoid Studioに設定されている表情の種類ごとに、顔のパーツの位置や動かし方を独自に設定できます。また、設定した表情のパラメータは、VRMエクスポート（P.238）で出力されるデータにも含められます。

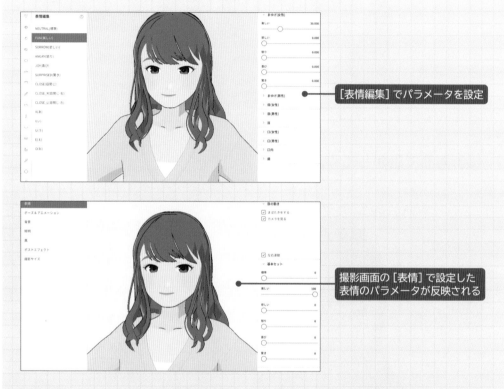

［表情編集］でパラメータを設定

撮影画面の［表情］で設定した表情のパラメータが反映される

表情編集では、まゆげ、目、口、歯をどのように動かすかを設定できます。［歯］の［隠す］というパラメータは、数値を大きくすることで口を開けたときに歯が表示されなくなります。

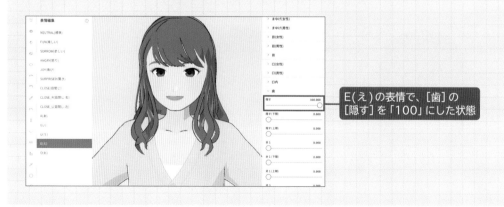

E（え）の表情で、［歯］の［隠す］を「100」にした状態

Chapter

# 5

ミニキャラのモデ
ルを作成しよう

# ミニキャラのモデルを
# 作成しよう

さまざまなパラメータを調整すると、ミニキャラのような見た目のモデルを作れます。
ミニキャラを実際に作りながら、変更する際に注意が必要な点を学んでいきましょう。

VRoid Studioでミニキャラも作れるって本当ですか？

 うん。パラメータの数値をうまく調整していけば作れるよ

パラメータを調整してみても、なんか可愛くならないんです……

 あごのライン、目のテクスチャ、髪を上手くデフォルメするとか、いく
つかコツがあるから紹介するね

　初期状態のモデルは、おおよそ7頭身あります。顔や体型などの各種パラメータを変更することで、
頭身が低いミニキャラのようなモデルを作ることが可能です。この章では1章で作成したモデルを2等
身のミニキャラへとデフォルメする方法や注意ポイントを説明していきます。ほかのモデルをもとにミ
ニキャラを作る場合も同じ考え方でデフォルメできます。

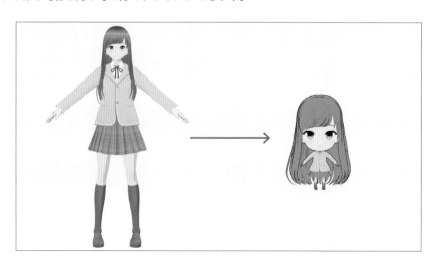

**Flow**
1. 体型のパラメータを大胆に変更しよう
2. 全体のバランスを見ながら細部のサイズを微調整しよう
3. 瞳のテクスチャをデフォルメしよう

# 7頭身から2頭身へとパラメータを変更しよう

　1章で作成したモデルをミニキャラにしていきます。1章のモデルをそのまま編集してしまうと、元のvroidファイルを上書きしてしまう恐れがあります。ファイルを開いたあと、別名で保存してからパラメータを変更していきましょう。

### 1章のモデルを開く

❶ 1章で作成したモデルを開く

❷ メニューをクリック

❸ [名前を付けて保存] をクリック

Memo
サンプルデータで1章の手順で作れるモデル (sample_chap1.vroid) を配布しています。こちらのモデルを利用しても構いません。

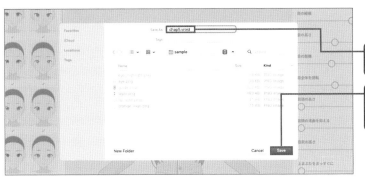

### 名前を付けて保存する

❶ ファイル名を入力 (ここでは「chap5.vroid」)

❷ [Save] をクリック (Windowsの場合は [保存] をクリック)

## 体型のパラメータを変更しよう

それでは、体型のパラメータから変更していきます。**2頭身なので「頭のタテの長さ＝体のタテの長さ」となるようにパラメータを変更**していきます。

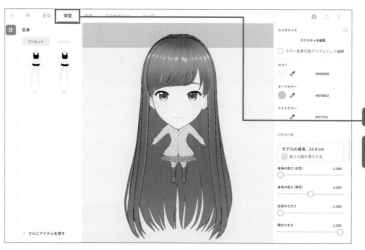

### 体型のパラメータを変更する

2頭身にするために、身長や全身を小さくし、頭が大きくなるように設定します。

❶ ［体型］タブをクリック

❷ 下記の表にあるパラメータの数値を入力する

### ■ 7頭身から2頭身への体型パラメータの変更

| 項目 | 変更前 | 変更後 |
|---|---|---|
| 身長の高さ（女性） | 0.000 | -1.000 |
| 全身の大きさ | 0.000 | -1.000 |
| 頭の大きさ | 0.000 | 2.200 |
| 頭の横幅 | -0.800 | 2.500 |
| 首の長さ | 0.000 | 3.000 |
| 首の前後幅 | 0.000 | -200.000 |

| 項目 | 変更前 | 変更後 |
|---|---|---|
| 首の横幅 | 0.000 | -200.000 |
| 肩の横幅 | 0.000 | 3.000 |
| 胸の厚み | 0.000 | 1.000 |
| 腕の長さ | 0.000 | -1.000 |
| 腰の大きさ | 0.000 | 4.000 |
| 脚の長さ | 0.000 | -1.000 |

## 服装や動きによっては破綻することもある

前述のとおり、初期状態のVRoid Studioのモデルは7頭身前後です。パラメータなどを変更して頭身が低いモデルを作る場合、服装やアニメーションの動きによっては、肌が服を貫通したり、まばたきした際の動きが不自然になったりすることがあります。ある程度はパラメータの設定の組み合わせにより改善できますが、スムーズなアニメーションは難しい場合があるので、ご注意ください。

## 顔のパラメータを変更しよう

　続いて、顔の各アイテムの大きさや位置を調整していきましょう。2頭身キャラの顔は、小さな全体のサイズ感にあうようにデフォルメしていくことを目指します。そのため、目は大きく目立つようにし、顔全体のフォルムは大きな丸形に近付くように、あご・ほほ・輪郭のパラメーターを調整していきます。また鼻も低くし位置を下げることで、顔のシルエットをデフォルメしていきましょう。

　各パラメーターの数値を決めるポイントは、P.194で説明しています。

顔のパラメータを
変更する

① [顔] タブをクリック

② 下記の表にあるパラメータの
　数値を入力する

### ● 7頭身から2頭身への顔パラメータの変更

| 項目 | 変更前 | 変更後 |
| --- | --- | --- |
| 目の横幅 | 0.600 | 2.000 |
| 目の縦幅 | 0.500 | 2.000 |
| 目の高さ | 0.000 | -0.320 |
| 上まぶたを下げる | 1.000 | 1.800 |
| 瞳の横幅 | 0.350 | 0.000 |
| 瞳の縦幅 | 0.000 | -0.326 |
| 視線の上下 | 0.000 | -0.175 |
| 視線の距離 | 0.167 | 0.150 |
| 鼻の高さ | 0.000 | -1.000 |

| 項目 | 変更前 | 変更後 |
| --- | --- | --- |
| 鼻先の上下 | 0.000 | -1.000 |
| 鼻全体の高さ | 0.000 | -1.000 |
| 耳を丸く | 0.000 | 1.000 |
| ほほの高さ | 0.000 | -1.200 |
| ほほの前後 | 0.300 | 0.000 |
| あごを丸める | 0.000 | 1.000 |
| あごを下げる | 0.000 | 0.300 |
| あご先の上下 | 0.000 | 0.286 |
| 輪郭の形状（女性） | 0.000 | 1.000 |

　どうでしょうか？　体型と顔の各種パラメータを変更しただけで、ミニキャラ感を出せたのではないでしょうか。ここで設定したパラメータの数値は、ほかのモデルをデフォルメする際にも応用できます。

# 髪をデフォルメしていこう

1章のモデルの髪はハイライトがあるため、ややリアルな質感があります。頭身の低いミニキャラを作る場合、陰影やツヤがないアニメ風のマットな色にすると、可愛らしい雰囲気になります。髪は、色を調整したうえで、長さを調整していきます。

なお、ここでは髪の色を少し灰色がかった茶色（#AD9C8F）にします。

## ベースヘアーの色を変えよう

まずはベースヘアーです。P.95と同じようにテクスチャを編集します。

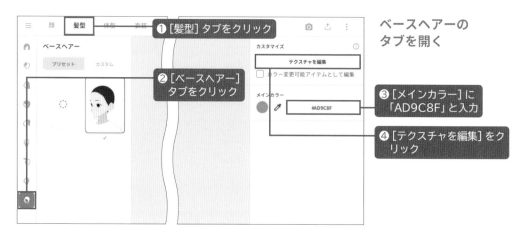

ベースヘアーの
タブを開く

① [髪型] タブをクリック

② [ベースヘアー] タブをクリック

③ [メインカラー] に「AD9C8F」と入力

④ [テクスチャを編集] をクリック

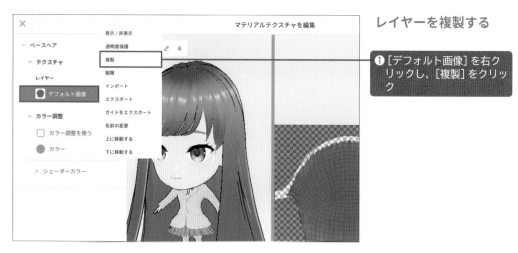

レイヤーを複製する

① [デフォルト画像] を右クリックし、[複製] をクリック

## 透明度を保護する

複製したレイヤーの透明度を保護します。透明度を保護することで、頭部以外の塗り潰しの防げます。

❶ [デフォルト画像 ( コピー)] を右クリックし、[透明度保護] をクリック

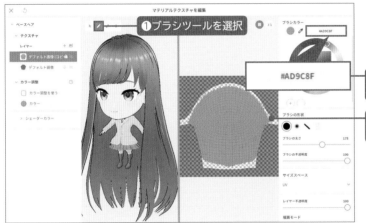

## レイヤーを塗り潰す

❶ ブラシツールを選択

❷ ブラシカラーに「AD9C8F」と入力

❸ [デフォルト画像 ( コピー)] レイヤーを塗り潰す

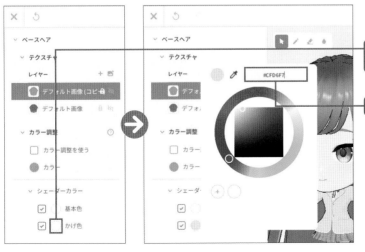

## かげ色を変更する

❶ シェーダーカラーのかげ色の丸をクリック

❷「CFD6F7」と入力

**変更を保存する**

カスタムアイテムとして保存されます。

① [×] をクリック

② [ベースヘアー] にチェックマークが入っていることを確認

③ [上書き保存] をクリック

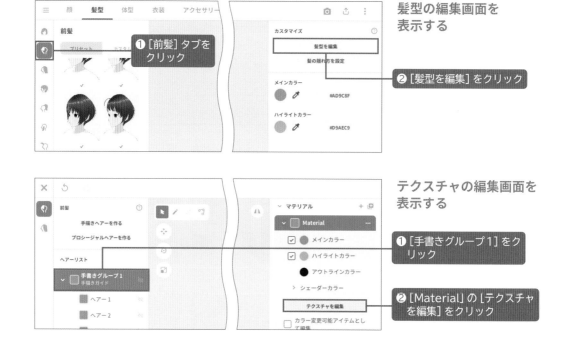

## 髪の色を変えよう

続いて、髪のテクスチャを編集して、髪の色を変えていきましょう。3章のP.89〜94と同様の操作で、陰影やツヤのないアニメ風のマットな色に変更します。

**髪型の編集画面を表示する**

① [前髪] タブをクリック

② [髪型を編集] をクリック

**テクスチャの編集画面を表示する**

① [手書きグループ1] をクリック

② [Material] の [テクスチャを編集] をクリック

## 新規レイヤーを追加する

❶ [+] をクリック

## レイヤーを塗り潰す

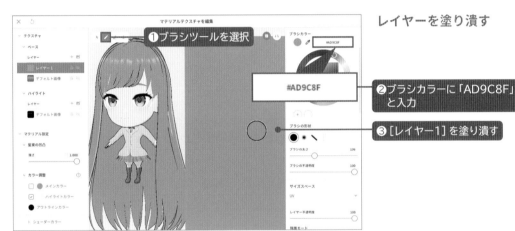

❶ ブラシツールを選択

❷ ブラシカラーに「AD9C8F」と入力

❸ [レイヤー1] を塗り潰す

## ハイライトを非表示にする

❶ ハイライトの [デフォルト画像] の [📄] をクリックして、非表示にする

❷ 髪束の凹凸の [強さ] に「0.000」と入力

5

ミニキャラのモデルを作成しよう

## かげ色を変更する

❶ シェーダーカラーのかげ色の
丸をクリック

❷ 「CFD6F7」と入力

## テクスチャの編集画面を
## 閉じる

これで色の変更は完了です。

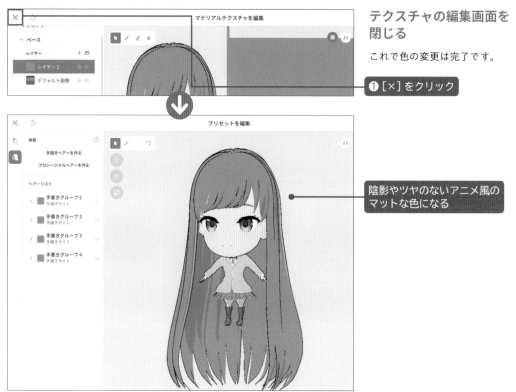

❶ [×]をクリック

陰影やツヤのないアニメ風の
マットな色になる

## 髪の長さを調整しよう

1章で作ったモデルはロングヘアーなので、髪の長さを短くして体にあうようにしましょう。7頭身状態の髪の長さは背中の中間でしたが、ここではバランスを考えて、スカートの丈より少し下あたりまでの長さにします。

なお、髪の長さを変える方法は、P.113で説明した手順と同じですので手順の詳細はそちらを参照してください。

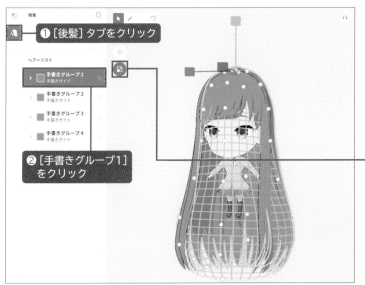

### 髪のグループを縮小する①

P.113の説明と同様に、画面左側のヘアーリストから手書きグループを選択し、拡大ツールでそれぞれ短くしましょう。

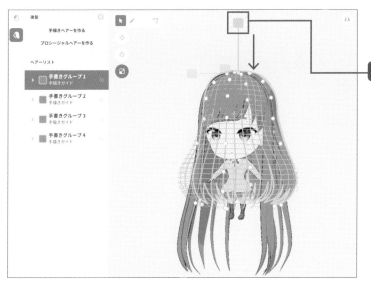

### 髪のグループを縮小する②

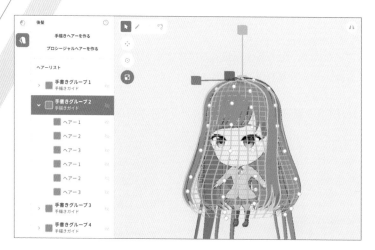

## 髪のグループを
## 縮小する③

「手書きグループ2」「手書きグ
ループ3」「手書きグループ4」
も同様に、拡大ツールで髪を縦
に縮小します。

## 髪の長さ変更は完了

後髪のすべての手書きグループ
を縦に縮小すれば、長さの変更
は完了です。

## 髪の長さは髪型によっては調整不要

元の髪型が肩あたりまでであれば、長さの
調整は不要です。
ただし、髪のシルエットのバランスに違和
感があるときや、髪の毛束の細かさをもっ
とデフォルメしたいときなどは、P.115など
で説明したように、ガイドメッシュによる
外形の調整をしたり、髪の毛束の太さのパ
ラメータの変更などをするとよいでしょう。

## 髪の角度を調整する

　モデルの髪型にもよりますが、髪を縦に縮小したことで不自然な形になってしまう可能性があります。さまざまな角度から確認し、できるだけ違和感がない形へと調整しましょう。

横から見ると、横髪が前に飛び出ているため、不自然に見える

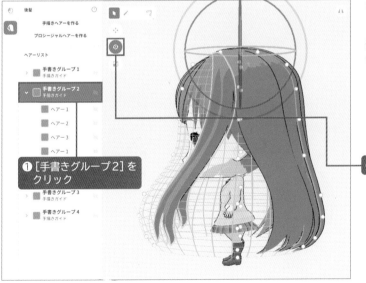

❶ [手書きグループ2] をクリック

❷ [回転] ツールをクリック

### 横の髪を回転させる①

「手書きグループ2」が不自然な形になっているため、角度や位置などを調整していきます。

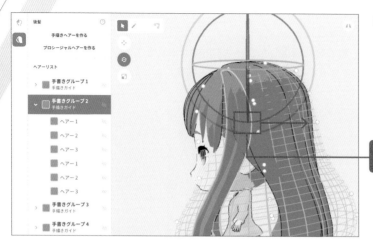

## 横の髪を回転させる②

**❶赤丸の線の下部分をクリックし、右にドラッグ**

**❶移動ツールをクリック**

**❷青の奥行きの矢印を左にドラッグ**

## 横の髪の位置を少し前にずらす

回転させたことで、前髪と「手書きグループ2」の間に隙間ができてしまいました。今度は位置を調整して、隙間ができないようにしましょう。

## 再び髪の全体を確認する

前髪と横髪の隙間はなくなりましたが、横髪と後ろ髪が混じり合って重なってしまっている部分がありますね。目立つ部分なのでもう少し整えていきましょう。

❶ヘアーリストの
［手書きグループ2］を
クリック

❷［拡大］ツールを
クリック

❸赤の横軸の矢印を左から右にドラッグ

## 横の髪を横方向に縮小する

少し横に広がっている横髪の幅（X軸）を全体的に縮小します。

## 髪型変更完了

これで横髪と後髪が重なる部分がはっきりと分かれ、境界線がきれいに見えるようになりました。

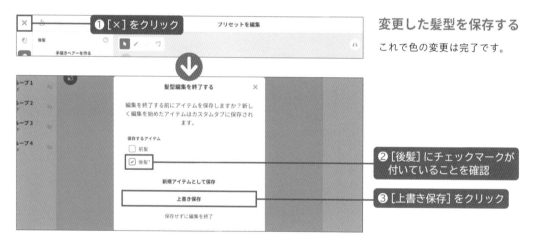

① [×] をクリック

② [後髪] にチェックマークが付いていることを確認

③ [上書き保存] をクリック

## 変更した髪型を保存する

これで色の変更は完了です。

# 目をデフォルメしていこう

　顔と体全体、髪の調整で完成のようにも見えますが、よりミニキャラらしさを出すために、目を調整していきます。目は瞳、瞳のハイライト、白目の3箇所を調整していきます。

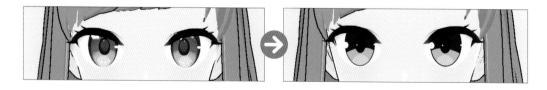

瞳と瞳のハイライトのテクスチャは、あらかじめ著者が用意したデータがあるので、こちらをインポートします。

瞳のテクスチャ(eye.png)

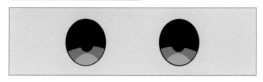

瞳のハイライトのテクスチャ(eye_highlight.png)

## 瞳をデフォルメする

まずは瞳です。ミニキャラなので、シンプルな瞳になるようにテクスチャを変更します。

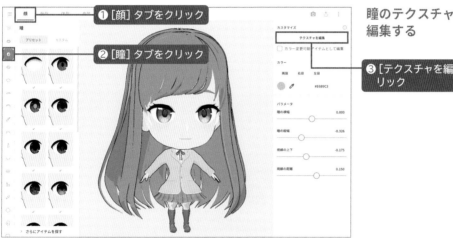

**瞳のテクスチャを編集する**

❶[顔]タブをクリック

❷[瞳]タブをクリック

❸[テクスチャを編集]をクリック

**レイヤーを追加する**

❶[+]をクリック

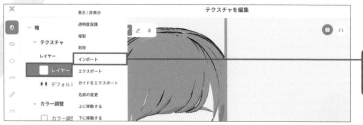

## テクスチャを
## インポートする

❶[レイヤー1]を右クリック
し、[インポート]をクリッ
ク

## ファイルを選ぶ

❶「eye.png」をクリック

❷[Open]をクリック
（Windowsの場合は[保存]
をクリック）

## テクスチャを
## インポートした状態

このような3色のみで塗り潰し
たシンプルなデザインがミニ
キャラにあいます。

## カラー調整で
## ピンクの瞳に変える

❶[デフォルト画像]の[🖼]を
クリックして、非表示にする

❷[カラー調整を使う]に
チェックマークを付ける

## 瞳のハイライトをデフォルメする

続いて、瞳のハイライトをデフォルメするために、テクスチャを変更します。

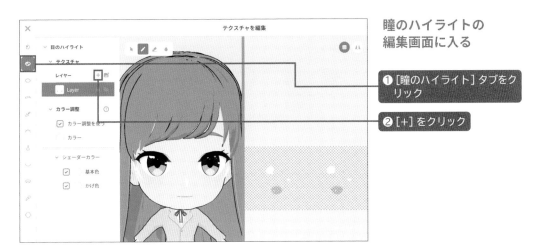

**瞳のハイライトの
編集画面に入る**

❶ [瞳のハイライト] タブをクリック

❷ [+] をクリック

**テクスチャを
インポートする**

❶ [レイヤー1] を右クリックし、[インポート] をクリック

**ファイルを選択する**

❶ 「eye_highlight.png」をクリック

❷ [Open] をクリック
（Windowsの場合は [保存]
をクリック）

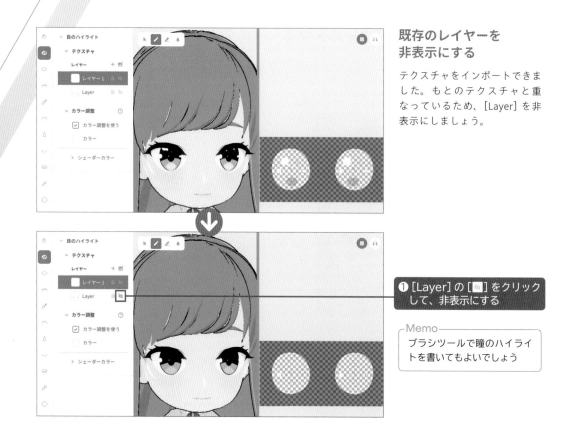

### 既存のレイヤーを
### 非表示にする

テクスチャをインポートできました。もとのテクスチャと重なっているため、[Layer] を非表示にしましょう。

❶ [Layer] の [🔲] をクリックして、非表示にする

┌─Memo──────────
│ ブラシツールで瞳のハイライ
│ トを書いてもよいでしょう
└──────────────

## ◇ 白目のはみ出た部分を消す

目の調整の最後は白目の部分です。目のサイズを大きくしたことにより、白目の部分がはみ出してしまっているため、端の部分を消していきます。

### 白目のテクスチャを
### 表示する

❶ [白目] タブをクリック

はみ出した白い部分を消す

**消しゴムツールの設定をする**

❶消しゴムツールを選ぶ

❷[⚠]をクリックして、左右対称モードをON（青色の状態）にする

❸ブラシの太さを「100」前後にする

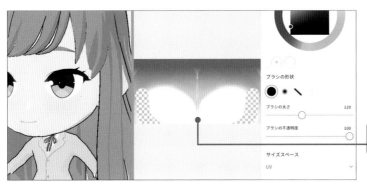

**顔からはみ出ている端の部分を消す**

消しすぎてしまった場合は、[Ctrl]+[Z]キーで1つ前の状態に戻せるので、確認しながら消しましょう。

❶プレビューを見ながら端をドラッグ

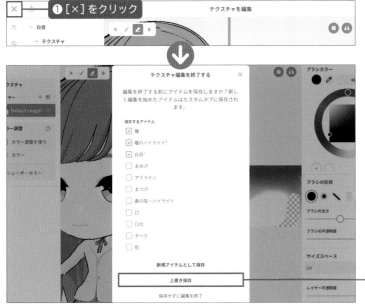

**変更内容を保存する**

❶[×]をクリック

❷[上書き保存]をクリック

**目の調整が完了した状態**

デフォルメされたシンプルな目になり、はみ出ていた白目の部分も表示されなくなりました。

## 衣装を調整しよう

次は衣装を調整していきましょう。現状では、腰がくびれており、スカートが外にハネているような状態です。衣装のパラメータを調整して、ミニキャラのデフォルメ感にあうように形を整えていきます。また靴下（レッグウェア）もスカートの長さとバランスが取れるように変更します。

### トップスを整えよう

一括で選択した制服のプリセットアイテムですが、トップスの中だけでも複数のパーツに分かれています。そのため、テクスチャの編集画面で、順番に該当する各パーツのパラメータを変更していきましょう。

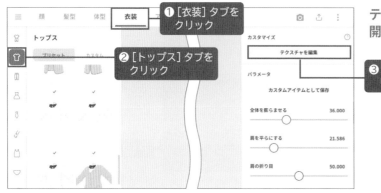

**テクスチャの編集画面を開く**

❶ [衣装] タブをクリック

❷ [トップス] タブをクリック

❸ [テクスチャを編集] をクリック

## テクスチャの編集画面を開く

P.45でスーツのジャケットを重ね着させたように、プリセットアイテムもいくつかのアイテムで重ね着した状態です。

## ジャケットのパラメータを表示する

② [■] をクリック

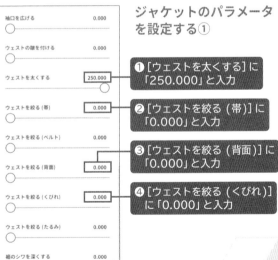

## ジャケットのパラメータを設定する①

① [ウェストを太くする]に「250.000」と入力

② [ウェストを絞る（帯）]に「0.000」と入力

③ [ウェストを絞る（背面）]に「0.000」と入力

④ [ウェストを絞る（くびれ）]に「0.000」と入力

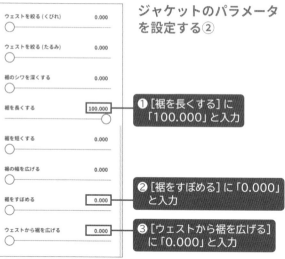

## ジャケットのパラメータを設定する②

**①** [裾を長くする] に「100.000」と入力

**②** [裾をすぼめる] に「0.000」と入力

**③** [ウェストから裾を広げる] に「0.000」と入力

### ■ ジャケットのパラメータ変更

| 項目 | 2頭身（変更前） | 3頭身（変更後） |
|---|---|---|
| ウェストを太くする | -5.000 | 250.000 |
| ウェストを絞る（帯） | 17.621 | 0.000 |
| ウェストを絞る（背面） | 53.744 | 0.000 |

| 項目 | 2頭身（変更前） | 3頭身（変更後） |
|---|---|---|
| ウェストを絞る（くびれ） | 13.656 | 0.000 |
| 裾を長くする | 84.141 | 100.000 |
| 裾をすぼめる | -80.000 | 0.000 |
| ウェストから裾を広げる | 7.930 | 0.000 |

**①** [Collar Blazer A Closed] をクリック

**②** [ ▦ ] をクリック

## 襟のパラメータを表示する

襟部分は、別のアイテムになっています。上から2つ目のアイテムが襟部分なので、このアイテムもパラメータを調整します。

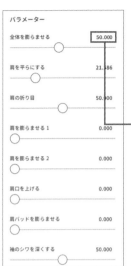

## 襟のパラメータを
## 表示する

襟部分がバランスよく目立つように、少し全体を膨らませます。

❶［全体を膨らませる］に「50.000」と入力

### ▪襟部分のパラメータ変更

| 項目 | 変更前 | 変更後 |
| --- | --- | --- |
| 全体を膨らませる | 46.000 | 50.000 |

## スカートを整えよう

スカートは外ハネにならないような形で、丈が膝より少し上の位置になるように調整します。

❶［ボトムス］タブをクリック

## パラメータを表示する

❷［🔲］をクリック

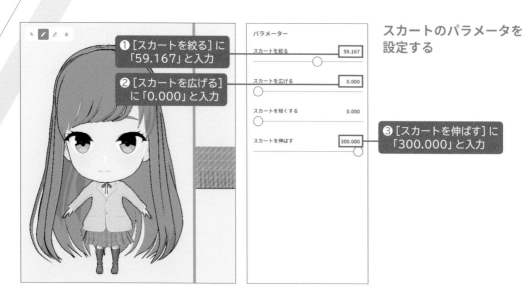

**スカートのパラメータを設定する**

① [スカートを絞る]に「59.167」と入力

② [スカートを広げる]に「0.000」と入力

③ [スカートを伸ばす]に「300.000」と入力

■ スカートのパラメータ変更

| 項目 | 変更前 | 変更後 |
|---|---|---|
| スカートを絞る | 0.000 | 59.167 |
| スカートを広げる | 7.000 | 0.000 |
| スカートを伸ばす | 70.000 | 300.000 |

**テクスチャの編集画面を閉じる**

テクスチャそのものは変更していないため、保存せずに閉じます。

① [×]をクリック

② [保存せずに編集を終了]をクリック

## レッグウェアを調整しよう

　元々のモデルの衣装は、全身セットのブレザー（全身セット46）で、レッグウェアは灰色のハイソックスでしたが、全体のバランスにあわせて靴下も短くしましょう。

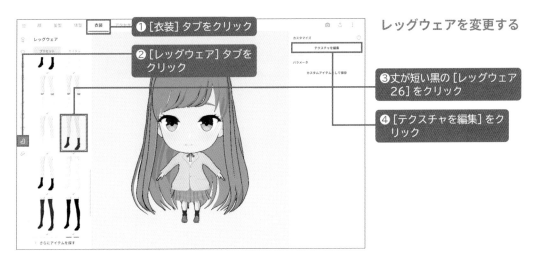

**レッグウェアを変更する**

① [衣装] タブをクリック

② [レッグウェア] タブをクリック

③丈が短い黒の [レッグウェア26] をクリック

④ [テクスチャを編集] をクリック

**レイヤーを複製する**

① [デフォルト画像] レイヤーを右クリックし、[複製] をクリック

**レイヤーの透明度を保護する**

① [デフォルト画像（コピー）] を右クリックし、[透明度保護] をクリック

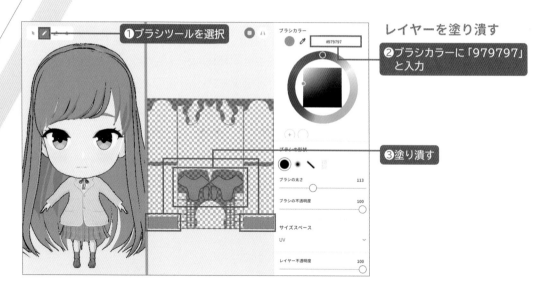

**レイヤーを塗り潰す**

❶ブラシツールを選択

ブラシカラー

❷ブラシカラーに「979797」と入力

❸塗り潰す

ブラシの形状

ブラシの太さ　113

ブラシの不透明度　100

サイズスペース

UV

レイヤー不透明度　100

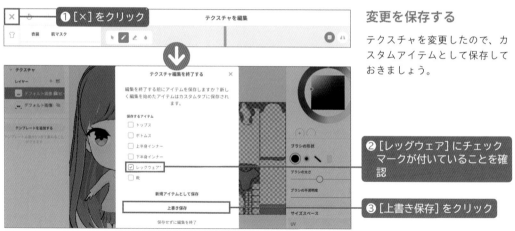

❶[×]をクリック

テクスチャを編集

衣装　肌マスク

**変更を保存する**

テクスチャを変更したので、カスタムアイテムとして保存しておきましょう。

テクスチャ編集を終了する　×

編集を終了する前にアイテムを保存しますか？新しく編集を始めたアイテムはカスタムタブに保存されます。

保存するアイテム

☐ トップス
☐ ボトムス
☐ 上半身インナー
☐ 下半身インナー
☑ レッグウェア*
☐ 靴

新規アイテムとして保存

上書き保存

保存せずに編集を終了

❷[レッグウェア]にチェックマークが付いていることを確認

❸[上書き保存]をクリック

ブラシの形状

ブラシの太さ

ブラシの不透明度

サイズスペース

UV

顔　髪型　体型　衣装　アクセサリー　ルック

レッグウェア

プリセット　カスタム

カスタムアイテム

＋　↓
新規作成　インポート

レッグウェア

カスタマイズ

テクスチャを編集

パラメータ

別のアイテムとして保存

アイテムを上書き保存

**衣装の調整が完了した状態**

スカートの丈と靴下の丈が、7頭身の状態と同じようなバランスになりました。

# ルックで最終調整をしよう

最後にアウトラインの調整です。ミニキャラはアウトラインの太さで印象が大きく変わりやすいので
こだわって設定していきましょう。

## アウトラインを太くする

ルックのパラメータを
表示する

❶[ルック] タブを
クリック

❷[アウトライン] タブをク
リック

パラメータを変更する

❶[アウトラインの太さ]にす
べて「0.130」と入力

■ 2頭身のミニキャラを作るときのアウトライン

| 項目 | 変更前 | 変更後 |
|---|---|---|
| (髪) アウトラインの太さ | 0.080 | 0.130 |
| (顔) アウトラインの太さ | 0.080 | 0.130 |
| (体) アウトラインの太さ | 0.080 | 0.130 |
| (アクセサリー) アウトラインの太さ | 0.080 | 0.130 |

## 完成

これで2等身のモデルが完成です。髪型以外のほとんどの部分は、パラメータ変更のみで作ることができました。

## 7頭身から2頭身に変更する際のパラメータのポイント

あらためて、各種パラメータを変更する際のポイントについて説明します。ここでは、完成状態のモデルで、説明の該当部分のパラメータを変更した場合の見た目を比較しています。

### 顔のポイント

2頭身のミニキャラの場合、あごを丸めることでミニキャラ独特の可愛らしい雰囲気になります。あごの尖った部分が目立たないようにしましょう。

[あごを丸める] が「0.000」の状態

[あごを丸める] が「1.000」の状態
（完成したモデルの状態）

あごのラインを調整するパラメータは、[あごを丸める]以外にも[輪郭の形状]があります。[輪郭の形状]により輪郭の大きさが変わるため、数値を小さくすることで、あご下のラインを引きしめてよりデフォルメ感を強められます。

[輪郭の形状（女性）]が「0.000」の状態

[輪郭の形状（女性）]が「1.000」の状態（完成したモデルの状態）

目の高さは、全体のバランスを見つつ元のキャラに合わせて配置しましょう。ただし、下に下げすぎてしまうと、パーツの境界線が出てしまうことがあるため、注意が必要です。

[目の高さ]が「-0.500」の状態

[目の高さ]が「-0.320」の状態（完成したモデルの状態）

目の位置を決めたあとは、[目の横幅]と[目の縦幅]で目の大きさを調整します。目の大きさは、好みやデザインにもよりますが、ここではどちらも「2.000」にしました。

[目の横幅]と[目の縦幅]が「1.500」の状態

[目の横幅]と[目の縦幅]が「2.000」の状態（完成したモデルの状態）

[目の横幅]と[目の縦幅]が「2.500」の状態

顔のバランスによっては、鼻の位置を調整すれば境界線は消えることもあります。しかし、顔の雰囲気が変わってしまうため、調整が難しいポイントです。ある程度は妥協して目の位置を境界線が出ない位置に上げるのが、今の所のベストな解決策かなと思います。

## 体型のポイント

首まわりに関しては、フィギュアのように自然な形にするのは難しいのですが、少しでも近づけるように微調整していきましょう。

首は[首の前後幅]と[首の横幅]で、首のラインが少しでもスッキリ見えるように、大幅に低い数値を設定しています。

[首の前後幅]と[首の横幅]が「-200.000」の状態（完成したモデルの状態）

[首の前後幅]と[首の横幅]が「0.000」の状態

次に腕の長さです。デフォルメ感が出るように、腕を短くすることがポイントです。

[腕の長さ]が「-1.000」の状態（完成したモデルの状態）

[腕の長さ]が「0.000」の状態

腰の大きさによって、胴体のラインに丸みを付けられます。服装によって数値を変える必要があり、今回はスカートなのでやや大きめの数値にしています。

[腰の大きさ] が
「0.000」の状態

[腰の大きさ] が
「1.000」の状態

[腰の大きさ] が「4.000」の
状態（完成したモデルの状態）

そして脚の長さは、服装と全体のバランスを見て短くするように設定します。

[脚の長さ] が「-1.000」の状態
（完成したモデルの状態）

[脚の長さ] が「0.000」の状態

## 衣装のポイント

　2頭身だと脚全体が短いため、ハイソックスだとバランスが悪く感じます。人によって好みがあると思いますが、ここでは短い靴下に変更しています。

丈の短い靴下（完成したモデルの状態）

丈の長い靴下

## アウトラインのポイント

　ミニキャラの場合は特にアウトラインの太さで印象が変わります。編集画面ではアウトラインがギザギザに見えても、撮影画面でアンチエイリアスを高負荷処理するとキレイに見えることもあるので、撮影画面で確認してみるのもおすすめです。

［アウトラインの太さ］が「0.080」の状態

［アウトラインの太さ］が「0.100」の状態

［アウトラインの太さ］が「0.130」の状態（完成したモデルの状態）

# 2頭身のモデルをベースに別のモデルを作ろう

2頭身よりも少し頭身を上げたモデルを作りたい場合は、2頭身のモデルを作ってから
パラメータを調整することをおすすめします。調整ポイントを説明します。

2頭身だと、ちょっとデフォルメしすぎかなぁ。もうちょっと頭身を上げられないですか？

だったら、2頭身のモデルをベースに、別の頭身のモデルを作ってみようか

2頭身のモデルをベースにするんですか？

2頭身のモデルをベースにすれば、2.5頭身や3頭身のモデルはすぐに作れるよ

2.5頭身や3頭身のモデルも頭部が大きいため、2頭身のモデルをベースにして作ることができます。
ここでは、先ほど作った2頭身のモデルから、2.5頭身のモデルと3頭身のモデルを作ってみましょう。

5

ミニキャラのモデルを作成しよう

## 2.5頭身のモデルを作ろう

それでは2.5頭身のモデルを作っていきましょう。2頭身と同じく、2.5頭身にする際に注意したいポイントがあるので紹介します。

### 体型のパラメータを調整しよう

まずは体型から調整していきます。P.168の説明と同様に、数値を変更する前に別の名前を付けて保存しておきましょう。

**体型のパラメータを変更する**

❶ [体型] タブをクリック

❷ 表にあるパラメータを設定する

● 2頭身から2.5頭身へ変更する体型パラメータ

| 項目 | 2頭身（変更前） | 2.5頭身（変更後） |
|---|---|---|
| 頭の大きさ | 2.200 | 1.500 |
| 頭の横幅 | 2.500 | 0.000 |
| 肩の横幅 | 3.000 | 0.000 |
| 腕の長さ | -1.000 | 0.000 |

| 項目 | 2頭身（変更前） | 2.5頭身（変更後） |
|---|---|---|
| 胴の長さ | 0.000 | -0.011 |
| 腰の大きさ | 4.000 | 1.000 |
| 脚の長さ | -1.000 | -0.500 |
| 足の大きさ | 0.000 | -1.000 |

## 顔のパラメータを調整しよう

顔のパラメータは輪郭の形状のみを変更して、体の大きさとバランスを取ります。

**顔のパラメータを
変更する**

❶ [顔] タブをクリック

❸ 表にあるパラメータを
設定する

❷ [顔セット]
タブをクリック

### ● 2頭身から2.5頭身へ変更する顔パラメータ

| 項目 | 2頭身（変更前） | 2.5頭身（変更後） |
|---|---|---|
| 輪郭の形状（女性） | 1.000 | 1.200 |

## 衣装のパラメータを調整しよう

体型を調整したことで、スカートと足が干渉してしまいます。そのため、スカートの丈と大きさを調整します。

**衣装のパラメータを
変更する**

❶ [衣装] タブをクリック

❷ [ボトムス] タブをクリック

❸ 表にあるパラメータを
設定する

■ スカートのパラメータ変更

| 項目 | 2頭身（変更前） | 2.5頭身（変更後） |
|---|---|---|
| スカートを絞る | 59.167 | 0.000 |
| スカートを広げる | 0.000 | 60.000 |
| スカートを伸ばす | 300.000 | 250.000 |

## 完成

これで2.5頭身モデルのでき上がりです。

## 2.5頭身モデルのポイントをおさえよう

いくつかパラメータの調整ポイントを紹介していきましょう。全身の大きさや身長などは2頭身のモデルから変えず、腕や足などの長さを少し長くしています。

［腕の長さ］が「-1.000」の状態 ［腕の長さ］が「0.000」の状態
（完成した2.5頭身モデルの状態）

また著者としては、足の大きさが2.5頭身ならではの可愛らしさを表現するポイントだと思います。2頭身よりあえて[足の大きさ]を小さくし、外側に向かうほどサイズ感を小さくすることで、デフォルメ感を強めています。

[足の大きさ]が「-1.000」の状態
（完成した2.5頭身モデルの状態）

[足の大きさ]が「0.000」の状態

最後に顔の輪郭です。[輪郭の形状（女性）]の数値を上げると細身に見えますが、上げすぎるとアイテムの境界線などが見えてしまうため、ギリギリのラインで調整します。

[輪郭の形状（女性）]が
「1.000」の状態

[輪郭の形状（女性）]が
「1.200」の状態（完成した
2.5頭身モデルの状態）

[輪郭の形状（女性）]が
「1.500」の状態

# 3頭身のモデルを作ろう

最後に2頭身のモデルをベースに、3頭身のモデルを作っていきます。2頭身ではシルエットに丸みを持たせられるようにパラメータを変更していましたが、3頭身では0に戻すもしくは0に近い数値に変更してデフォルメ感を弱めます。

## 体型のパラメータを変更しよう

それでは再び2頭身のモデルのファイルを開き、3頭身用に別の名前を付けて保存しておきましょう（P.167参照）。

**体型のパラメータを変更する**

❶ [体型] タブをクリック

❷ 表にあるパラメータを設定する

### ■ 3頭身のミニキャラを作るときの体型のパラメータの変更

| 項目 | 2頭身（変更前） | 3頭身（変更後） |
|---|---|---|
| 頭の大きさ | 2.200 | 0.700 |
| 頭の横幅 | 2.500 | 0.000 |
| 首の長さ | 3.000 | 1.300 |
| 首の前後幅 | -200.000 | -150.000 |
| 首の横幅 | -200.000 | -100.000 |
| 肩の横幅 | 3.000 | 0.000 |

| 項目 | 2頭身（変更前） | 3頭身（変更後） |
|---|---|---|
| 胸の厚み | 1.000 | 0.000 |
| 腕の長さ | -1.000 | 0.000 |
| 胴の長さ | 0.000 | -0.011 |
| 腰の大きさ | 4.000 | 1.000 |
| 脚の長さ | -1.000 | -0.500 |

# 顔のパラメータを調整しよう

顔は、目、ほほ、あごの3点を調整します。

顔のパラメータを
変更する

❸表にあるパラメータを
設定する

■ 3頭身のミニキャラを作るときの顔のパラメータの変更

| 項目 | 2頭身（変更前） | 3頭身（変更後） |
|---|---|---|
| 目の高さ | -0.320 | -0.064 |
| ほほの高さ | -1.200 | -0.300 |
| あごを下げる | 0.300 | 0.000 |
| あご先の上下 | 0.286 | 0.000 |

## スカートを調整しよう

スカートのパラメータは、2.5頭身のモデルと同じです。

衣装のパラメータを
変更する

①[衣装] タブをクリック

②[ボトムス]
タブをクリック

③表にあるパラメータを
設定する

### ■3頭身のミニキャラを作るときのスカートのパラメータの変更

| 項目 | 2頭身（変更前） | 3頭身（変更後） |
|---|---|---|
| スカートを絞る | 59.167 | 0.000 |
| スカートを広げる | 0.000 | 60.000 |
| スカートを伸ばす | 300.000 | 250.000 |

## アウトラインを調整しよう

アウトラインは、2頭身の状態と同じだとやや太く見えるため、少し細くします。

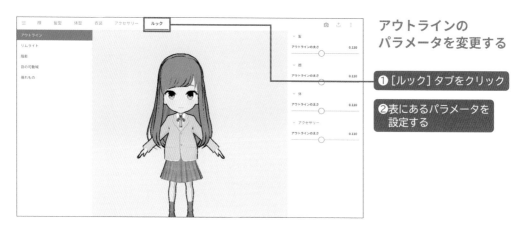

アウトラインの
パラメータを変更する

①[ルック] タブをクリック

②表にあるパラメータを
設定する

### 3頭身のミニキャラを作るときのアウトライン

| 項目 | 2頭身（変更前） | 3頭身（変更後） |
| --- | --- | --- |
| （髪）アウトラインの太さ | 0.130 | 0.110 |
| （顔）アウトラインの太さ | 0.130 | 0.110 |
| （体）アウトラインの太さ | 0.130 | 0.110 |
| （アクセサリー）アウトラインの太さ | 0.130 | 0.110 |

## 完成

3頭身モデルの完成です。

5

ミニキャラのモデルを作成しよう

## 3頭身モデルのポイントをおさえよう

目の高さは、アイテムの境界線が出ないように少し上げます。2頭身のときと同じように目の周りの境界線を隠すために少し上げました。

[目の高さ]が「-0.320」の状態

[目の高さ]が「-0.064」の状態
（完成した3頭身モデルの状態）

ほほの高さを少し上げて2頭身や2.5頭身よりもさらにシャープにリアルっぽくします。上すぎてもスリムになりすぎてしまうので-0.300くらいがよさそうです。目の周りの境界線が出てしまわないか注意が必要です。

[ほほの高さ]が
「-1.000」の状態

[ほほの高さ]が「-0.300」の
状態（完成した3頭身モデルの
状態）

[ほほの高さ]が
「0.000」の状態

Chapter

6

オリジナルの小物
を作ってみよう

# 01

# 髪を利用して　自由にアイテムを作ろう

髪型のガイドメッシュを利用することで、帽子やアクセサリーなど独自の小物を作れます。ここでは実際に帽子を作りながら、操作手順を学んでいきましょう。

VRoid Studioを使いこなせるようになってきました！　ゼロから独自のアイテムを作ってみたいんですけど、何かいい方法はないでしょうか？

髪型の編集機能を使うと、オリジナルのアイテムを作れるよ

え？　髪型の編集機能ですか？？

うん。プローシージャルヘアーを活用すると、きれいな球形を作ることができるよ。さらに、ガイドメッシュや手書きヘアーの形を大胆に変形して小物を作っていこう

　P.115では、髪型の編集画面で髪の形を自由に変えられることを学びました。この仕組みを利用することで、髪型のカスタムアイテムとして、独自のヘアアクセサリや帽子を作ることが可能です。ここでは次のような黒のキャップを作りながらオリジナルの小物を作る方法を学んでいきましょう。

1 プロシージャルヘアーを活用してドーム型を作ろう

2 手書きの髪の形状を変形する方法を学ぼう

3 移動・回転・拡大を使って、位置や角度を調整しよう

## はね毛のカスタムアイテムを作ろう

髪型のアイテムは、前髪、後髪、横髪など部位ごとに分けて設定できます。ここでは今まで未使用だった「はね毛」のカスタムアイテムとしてオリジナルの小物を作ります。どの部位でもカスタムアイテムとして小物を作れますが、同じ部位を重複して選択することはできないため、未使用の部位がいいでしょう。

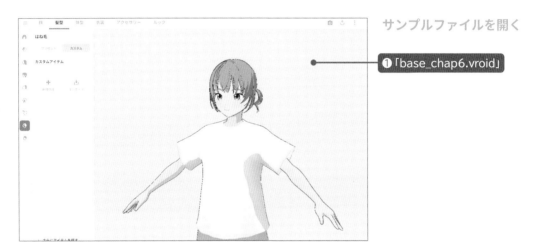

サンプルファイルを開く

❶「base_chap6.vroid」

6

オリジナルの小物を作ってみよう

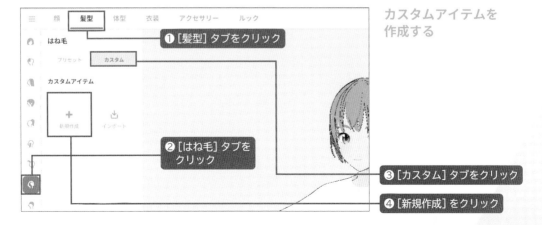

カスタムアイテムを作成する

❶ [髪型] タブをクリック

❷ [はね毛] タブをクリック

❸ [カスタム] タブをクリック

❹ [新規作成] をクリック

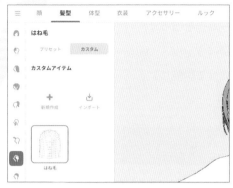

髪型の編集画面を
表示する

はね毛のカスタムアイテムが作
成されるので、選ばれている状
態で髪型の編集画面を開きま
す。

**❶ [髪型を編集] をクリック**

髪型の編集画面が
表示される

## プロシージャルヘアーで帽子のドームの部分を作ろう

　帽子のドーム部分を表現する毛束を作っていきます。[プロシージャルヘアーを作る] 機能を使って、毛束を追加してみましょう。

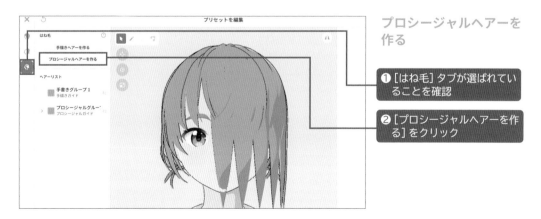

プロシージャルヘアーを
作る

**❶ [はね毛] タブが選ばれていることを確認**

**❷ [プロシージャルヘアーを作る] をクリック**

## 新規のマテリアルを追加する

帽子のドーム部分は色を黒にしたいため、髪とは別のマテリアルを作り、テクスチャの色を変更します。

② [+] をクリック

## マテリアルを変更する

新しいマテリアルが追加されます。追加された茶色のマテリアルを選びます。

❶新規追加された茶色の[Material]をクリック

## テクスチャの編集画面を開く

❶新規追加された茶色の[Material]の[>]をクリックし、[テクスチャを編集]をクリック

## 帽子の質感を表現しよう

　帽子の色は黒にしたいため、P.91で髪の色を変えたようにテクスチャを黒（#737373）に塗り潰します。また、帽子の質感を表現するために、［髪束の凹凸の強さ］を「0.000」にし、シェーダーカラーでかげ色を薄い青（#CFD6F7）にします。

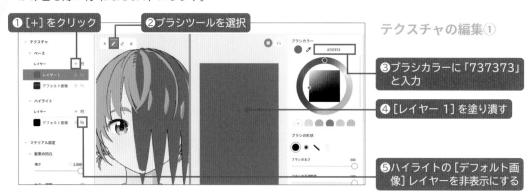

### テクスチャの編集①

❶［+］をクリック

❷ブラシツールを選択

❸ブラシカラーに「737373」と入力

❹［レイヤー 1］を塗り潰す

❺ハイライトの［デフォルト画像］レイヤーを非表示にする

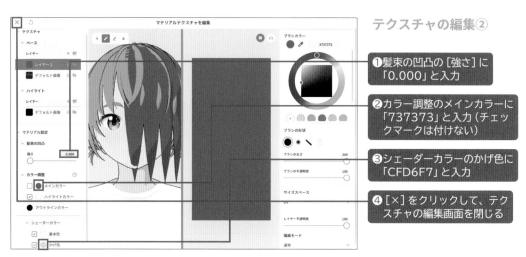

### テクスチャの編集②

❶髪束の凹凸の［強さ］に「0.000」と入力

❷カラー調整のメインカラーに「737373」と入力（チェックマークは付けない）

❸シェーダーカラーのかげ色に「CFD6F7」と入力

❹［×］をクリックして、テクスチャの編集画面を閉じる

### テクスチャの編集後

［プロシージャルグループ 1］が黒（#737373）に変わりました。

❶［プロシージャルグループ 1］をクリック

**Memo**

カラー調整のメインカラーに設定されている色がアイコンの色として反映されます。

## 大きさを設定しよう

ここからは [プロシージャルグループ1] のパラメータを変更して形を作っていきます。パラメータにより、ガイドメッシュ全体の大きさや、毛束の質感などを設定できます。いくつか設定項目があるため、画面右側をスクロールして該当の項目を探して入力していきましょう。

**全体の高さを設定する**

❶ガイドパラメータの [高さ] に「0.30」と入力

**毛束の長さを設定する**

プロシージャルパラメータの [長さ] で、毛束の長さを調整できます。ここでは、帽子の深さを表現するために「0.70」にします。

❶プロシージャルパラメータの [長さ] に「0.70」と入力

### ◼大きさに関するパラメータの変更点

| 項目 | 変更前 | 変更後 |
|---|---|---|
| 高さ (ガイドパラメータ) | 0.40 | 0.30 |
| 長さ (プロシージャルパラメータ) | 1.00 | 0.70 |

# 形状を設定しよう

続いて形状を設定していきます。断面形状のデフォルト設定は髪の質感を表現しており、形状グラフは髪の先端（毛先）がひし形になるような設定になっています。ここでは、布の質感を表せるように変更していきます。

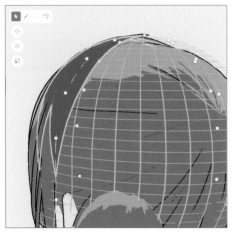

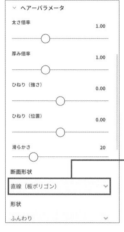

## 形状を設定する①

帽子の薄い布をイメージして、断面が薄くなるように設定します。

**❶[断面形状]から[直線（板ポリゴン）]を選択**

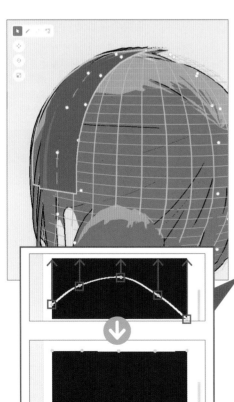

## 形状を設定する②

毛先の形状はグラフで表現されています。グラフにある青い丸を動かすことで、形状が変わります。湾曲した線を直線にします。

**❶青い丸をすべて上にドラッグして移動**

**グラフにより毛先の形が表現されています**

## ■形状に関するパラメータの変更点

| 項目 | 変更前 | 変更後 |
|---|---|---|
| 断面形状 | ひし形 | 直線（板ポリゴン） |
| 形状（プルダウン部分） | ふんわり | ふんわり |
| 形状（グラフ部分） |  | |

## ドーム状の形へとパラメータを設定する

　段々と帽子のドームのような形になってきました。頭部の全体をおおうように、毛の角度や本数などをパラメータで設定していきます。

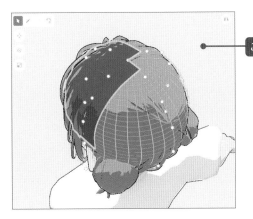

ここまでの状態を上から見た状態

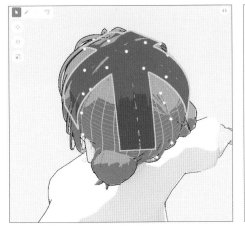

### おおう角度を設定する

頭頂部から毛束で覆う角度を設定します。

❶プロシージャルパラメータの［間隔］に「360.0」を入力

オリジナルの小物を作ってみよう 6

**本数を増やす**

髪の毛の本数が増えることにより、形状がドーム状になります。

❶プロシージャルパラメータの［本数］に「80」と入力

## ■断面形状のパラメータ変更

| 項目 | 変更前 | 変更後 |
| --- | --- | --- |
| 間隔（プロシージャルパラメータ） | 90.0 | 360.0 |
| 本数（プロシージャルパラメータ） | 6 | 80 |

# ドームの高さを調整しよう

これでドーム状になりました。帽子が少し浅いので、ガイドメッシュで大きさを調整します。

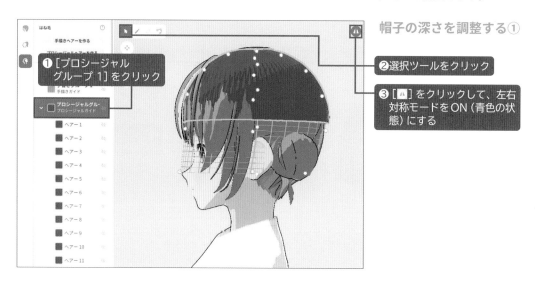

❶［プロシージャルグループ 1］をクリック

**帽子の深さを調整する①**

❷選択ツールをクリック

❸［△］をクリックして、左右対称モードをON（青色の状態）にする

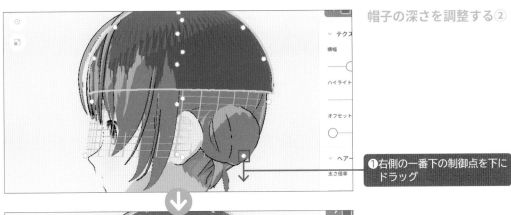

帽子の深さを調整する②

❶右側の一番下の制御点を下に
ドラッグ

ガイドメッシュを鼻と口の間あ
たりまで伸ばす

## 厚みを調整する

続いて、布っぽさを表現するために、厚みを調整していきます。

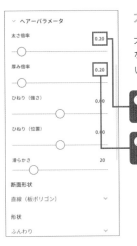

太さを変える

太さを0.20にします。隙間も
なく重なりもしないちょうどい
い太さです。

❶［太さ倍率］に
「0.20」を入力

❷［厚み倍率］に
「0.20」を入力

■太さ・厚みのパラメータ変更

| 項目 | 変更前 | 変更後 |
|---|---|---|
| 太さ倍率（ヘアーパラメータ） | 1.00 | 0.20 |
| 厚み倍率（ヘアーパラメータ） | 1.00 | 0.20 |

## 前髪を非表示にする

　これで帽子のドームの部分の形は完成です。しかし、帽子部分に前髪が重なって表示されています。帽子を見やすくするために、一時的に前髪を非表示にしましょう。

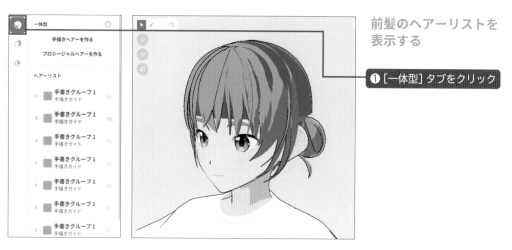

前髪のヘアーリストを
表示する

❶ [一体型] タブをクリック

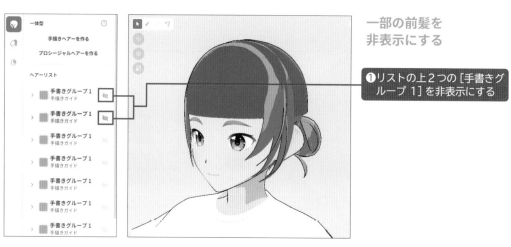

一部の前髪を
非表示にする

❶リストの上2つの [手書きグ
ループ 1] を非表示にする

# 手書きヘアーで帽子のツバの部分を作ろう

ここからは帽子のツバ部分を作っていきます。ツバは手書きヘアーという機能を使って、ツバを表現するための毛（ヘアー）をマウス操作で描画します。描画したツバ部分の毛は、P.115で髪の毛の長さを調整したときのように、制御点で形を整えていきます。

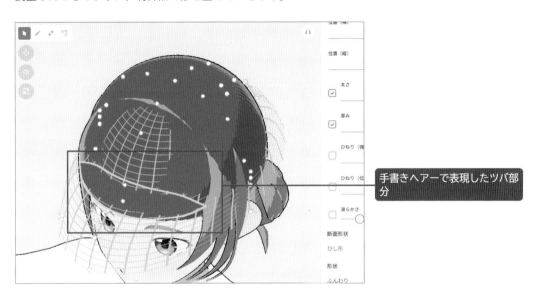

手書きヘアーで表現したツバ部分

## 手描きヘアーでツバ部分の毛を追加しよう

まずはツバ部分の手描きヘアーを追加し、マテリアルを設定します。

手書きヘアーを追加する

❶髪型の編集画面で[はね毛] タブをクリック

❷[手描きヘアーを作る]をクリック

[手書きグループ2]が追加される（この時点で毛は追加されない）

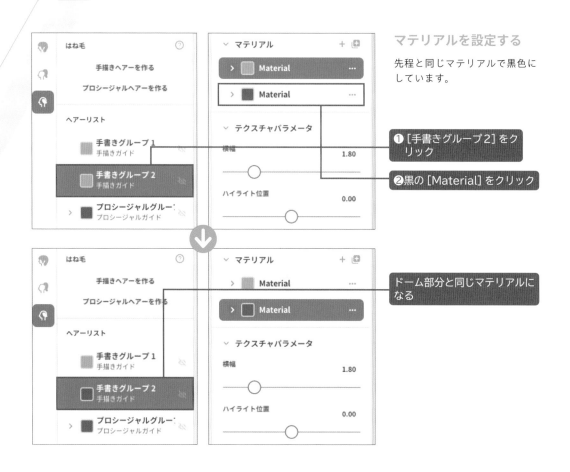

マテリアルを設定する

先程と同じマテリアルで黒色にしています。

❶ [手書きグループ2] をクリック

❷ 黒の [Material] をクリック

ドーム部分と同じマテリアルになる

## ツバ部分のガイドメッシュの形状を調整する

手書きで髪を描く前に、追加した [手書きグループ2] のガイドメッシュの形状を変更していきます。ガイドメッシュは真横を向いた状態で設定できるようにプレビューの視点を変更しましょう。

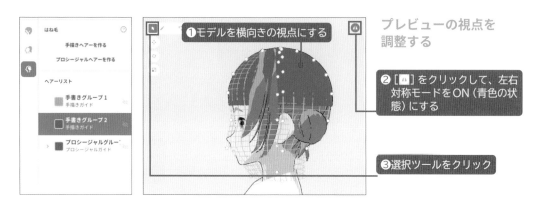

❶ モデルを横向きの視点にする

プレビューの視点を調整する

❷ [⬛] をクリックして、左右対称モードをON（青色の状態）にする

❸ 選択ツールをクリック

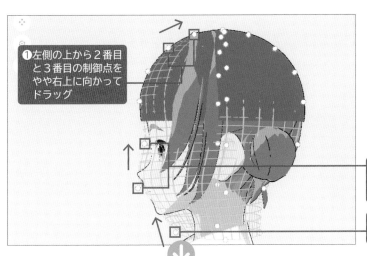

① 左側の上から2番目と3番目の制御点をやや右上に向かってドラッグ

### ガイドメッシュの形状を変更する

ガイドメッシュの操作方法は、P.115と同じです。制御点の白い丸をマウスで少しずつドラッグして、ガイドメッシュの左側（顔側）をツバに近いシルエットにしていきます。

② 左側の下から2番目と3番目の制御点を上に向かってドラッグ

③ 左側の一番下の制御点を左上に向かってドラッグ

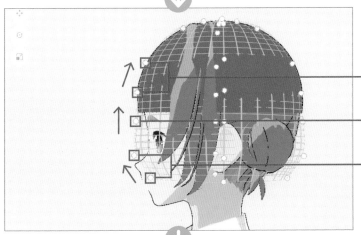

④ 左側の上から4番目と5番目の制御点をやや右上に移動

⑤ 左側の下から3番目の制御点を上に向かってドラッグ

⑥ 左側の下から1番目と2番目の制御点を左上に向かってドラッグ

**6** オリジナルの小物を作ってみよう

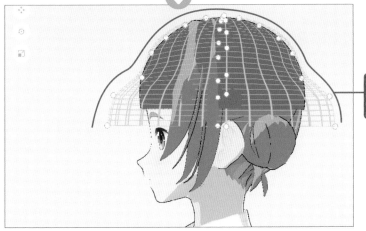

下側のガイドメッシュが顔から離れて、全体が山のような形になる

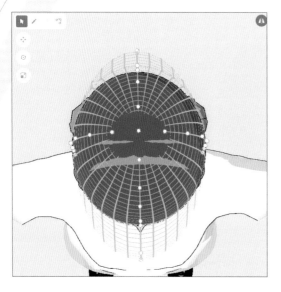

## 上から見た状態

上から見たときに、モデルの前後方向に楕円が飛び出すような形にします。あまり飛び出していない場合は、調整しましょう。なお、耳側（モデルの左右）の調整は不要です。

## ガイドパラメータでもガイドメッシュを変形可能

ドーム状の部分を作る際、パラメータでガイドメッシュの大きさなどを設定しました。［高さ］ではY軸の大きさ（長さ）を変更でき、［オフセット］ではガイドメッシュ全体を大きくすることができます。今回のツバの部分は少し複雑な形なので、パラメータではなく手で制御点を動かして作りました。

［オフセット］が「0.01」の状態（デフォルト）

［オフセット］が「0.02」の状態

## ブラシツールでツバ部分を描く

　ガイドメッシュの形を整えたあとは、いよいよツバの部分にあたる髪をブラシツールで描きます。のちほど調整するので、マウスで手ブレしても大丈夫です。

### ブラシツールで髪を描く

描く髪は1本です。直線を一筆で描きましょう。なお、左右対称モードはオンのままだと左右2本同時に描いてしまうのでオフにします。

**②**[　]をクリックして、左右対称モードをOFF（白色の状態）にする

**③**ブラシツールが選択されている状態で、ツバのあたりをドラッグして1本の髪を描く

**①**ブラシツールを選択

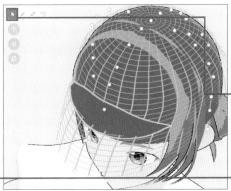

### 描いた毛を選択する

描いた毛のパラメータの形状を調整するために、追加された[ヘアー1]を選択しましょう。

**①**選択ツールを選択

**②**[ヘアー1]をクリック

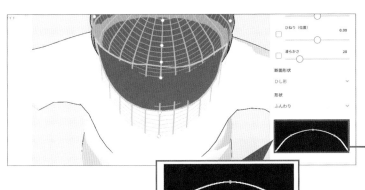

### 形状のグラフを調整する

P.216でも操作した形状のグラフで、ツバの形が左右対称になるようにしていきます。グラフが半円の左右対称になると、[ヘアー1]の形も左右対称になります。

**①**グラフの青い丸をドラッグして、左右対称の半円にする

## ツバ部分の制御点を調整しよう

　ツバ部分を形状グラフで整えても、ガタガタした形状になってしまう場合があります。そのときは、ツバ部分の制御点を整える必要があります。ガタつきがない人は、P.228へ進んでください。

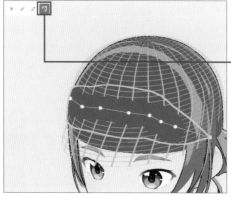

### ツバ部分の制御点を調整する①

❶制御点ツールをクリック

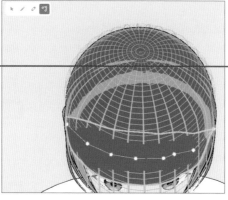

### ツバ部分の制御点を調整する②

❶[手書きグループ2]を右クリックし、[スムージング]をクリック

### 整った状態

　スムージングにより制御点の位置が調整され、ガタつきがなくなりました。

Memo

P.228でドーム部分とツバ部分の位置や角度を調整するので、この時点ではきっちり隙間を埋めなくても構いません。

## ドーム部分からツバ部分が離れている場合

この時点で、ドーム部分からツバ部分が離れてしまっている読者の方がいるかもしれません。以降の手順で、ツバの位置や角度を調整するので隙間があっても大丈夫ですが、次のように制御点を1つずつ動かすことで、隙間をなくすことができます。

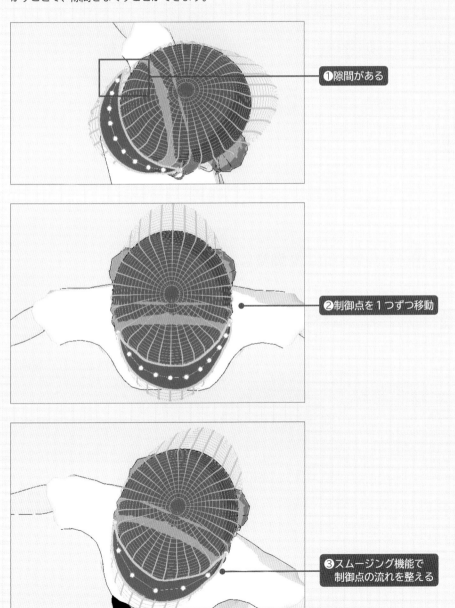

❶隙間がある

❷制御点を1つずつ移動

❸スムージング機能で
制御点の流れを整える

# パーツの位置を微調整して帽子を完成させよう

ドーム部分やツバの位置を調整して、帽子をかぶっているような形に近づけていきます。帽子を被っている写真があるのであれば、見比べながら、角度と位置を調整してもよいでしょう。

ドーム部分＝角度を少し傾けたい

ツバ部分＝ドーム部分に合わせて傾けたい

## ドーム部分の角度や位置を調整しよう

まずは回転ツールと移動ツールを使って、ドーム部分の角度と位置を調整します。

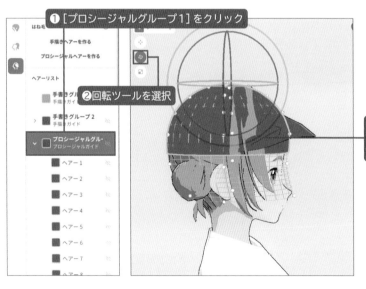

① [プロシージャルグループ1]をクリック

② 回転ツールを選択

**ドーム部分の角度を変える**

全体の角度を少し上向きにします。

③ 赤いリングの下部分をクリックしたまま、右上に向かってドラッグ

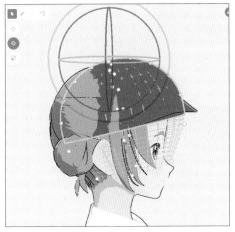

## 角度を変えた状態

回転させたことにより、少し前方に飛び出すような形になります。

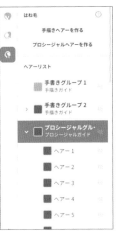

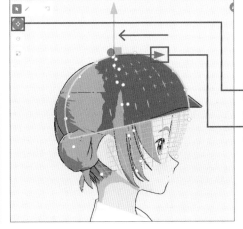

## ドーム部分の位置を整える

回転してずれた分、移動ツールで後ろに下げます。

❶移動ツールを選択

❷青い矢印を左に向かってドラッグ

## 移動した状態

頭の形にそうようにしましょう。

## ツバ部分の角度と位置を調整しよう

ドーム部分と同じ手順で、ツバの角度や位置も調整していきましょう。[手書きヘアー2] のガイドメッシュや、[ヘアー1] の制御点の状態によっては、角度の調整は不要な場合もあります。手元の状態をみて、調整してみてください。

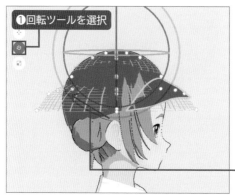

**①回転ツールを選択**

**②赤いリングの下部分をクリックしたまま、左上に向かってドラッグ**

### ツバの角度を変える

ここでは、全体の角度を少し下向きにします。

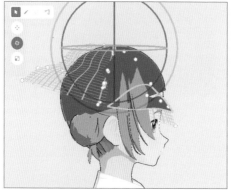

### 角度を変えた状態

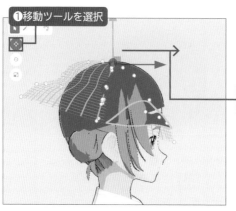

**①移動ツールを選択**

**②青い矢印を左から右にドラッグ**

### ツバの位置を整える

回転でズレた分を移動ツールで調整します。

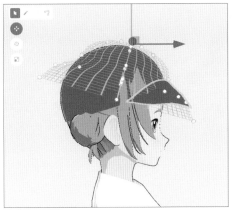

## 移動した状態

高さが合わない場合は、緑の矢印で高さも調整しましょう

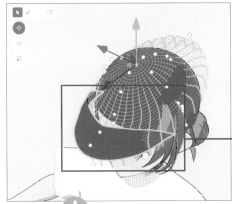

## ツバの形の微修正をする

ツバの角度や位置を調整すると、ドーム部分と隙間ができる場合があります。移動だけで調整するのが難しい場合は、制御点ツールでもう一度形を整えます。

**隙間ができている状態**

**❶[手書きグループ2]の [ヘアー1]をクリック**

**❷制御点ツールを選択**

**❸制御点ツールで位置を調整**

オリジナルの小物を作ってみよう 6

　このようにドーム部分とツバ部分をそれぞれ移動ツールや回転ツールなどで調整していきます。一度の調整でうまくいくとはかぎらないため、ドーム部分とツバ部分を交互に調整してみましょう。これで帽子の形は完成です。

## 帽子と髪のかさなりを調整しよう

　最後に前髪の調整をしましょう。P.220で一時的に前髪を非表示にしていました。非表示にしていた前髪を表示し、帽子の中に収まるような形に調整していきましょう。

前髪タブを表示する

❶［前髪］タブをクリック

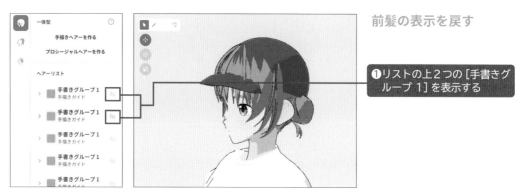

前髪の表示を戻す

❶リストの上2つの［手書きグループ 1］を表示する

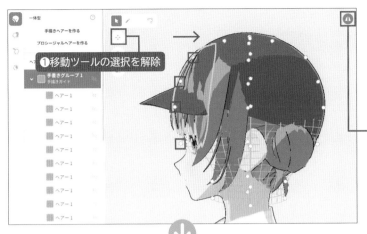

## 前髪のガイドメッシュを調整する

ガイドメッシュの制御点を1つずつ動かして、前髪が帽子とかさなって表示されないようにします。

❷ [] をクリックして、左右対称モードをON（青色の状態）にする

❸ はみ出ている部分のメッシュの頂点を奥に移動する

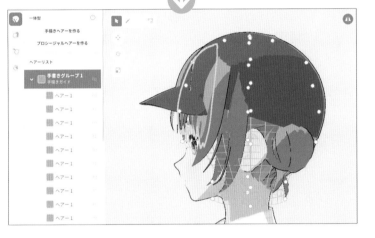

前髪を調整した状態

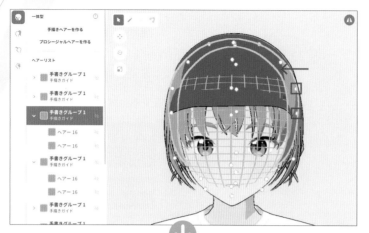

## 横髪のガイドメッシュを
## 調整する

横髪は正面から見て調整しま
しょう。横髪も前髪と同じよう
にガイドメッシュで調整できま
す。

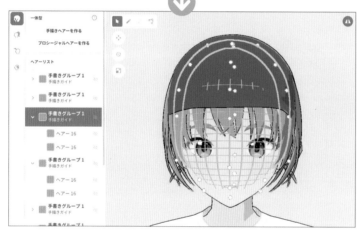

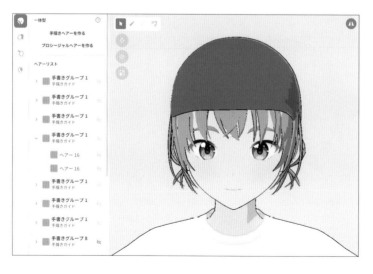

## サイドを調整した状態

## 帽子を非表示にした状態

帽子部分を非表示にすると、前髪が額にめり込んだような形になっています。

## はみ出しの処理が完了

どの角度から見てもはみ出しがないです。調整が完了したら、髪型の編集画面を閉じて、撮影画面で見え方を確認しましょう。髪型の編集画面を閉じる際は、上書き保存でカスタムアイテムとして保存し忘れないように気を付けてください。

## 風の影響もなし

撮影画面で風の影響も確認します。帽子の部分はボーンも未設定なので風の影響でズレたりしません。

❶作成画面で[カメラ]をクリックして、撮影画面を表示する

❷[風]をクリック

❸風の数値を上げて状態を確認する

6

オリジナルの小物を作ってみよう

## 完成

　これで帽子の完成です。きちんと身体に追随して動きます。帽子作りの手法を応用すると、頭に付けるアイテム以外にも、手に持てる小物や、服に付ける装飾品なども作れます。

　本書で説明したテクニックを応用して、ぜひ皆さんが思い描くモデル作りに挑戦してみてください。

### ロゴ入れも可能

髪の毛のテクスチャに絵を描いて背景を透明化すると、このようにロゴを入れることも可能です。ツバと同じように［手描きヘアーを作る］で1本の毛を配置し、パラメータの設定の設定したうえで、テクスチャを設定するだけです。帽子以外にも、さまざまなアイテムに幅広く応用できます。

① [手描きヘアーを作る] をクリック

② [ブラシツール] を選択し、1本髪を描く

③ 追加されたヘアーを選択し、表のようにパラメータを設定

④ マテリアルを追加し、追加されたヘアーに設定

⑤ 追加したマテリアルの [テクスチャを編集] を表示する

① レイヤーを追加し、「cap_logo.png」をインポート

**Memo**

ロゴのマテリアルは、帽子のマテリアルと別の色にしておくと、表示範囲がわかりやすくなります。ロゴをインポートしたあと、下地のレイヤーを非表示にしましょう。

## ■ロゴ部分パーツの形状に関するパラメータの変更点

| 項目 | 変更前 | 変更後 |
| --- | --- | --- |
| テクスチャパラメータの横幅 | 1.80 | 0.50 |
| ヘアーパラメータの太さ | 0.60 | 0.50 |
| 断面形状 | ひし形 | 直線（板ポリゴン） |
| 形状（グラフ部分） | | |

# VRMエクスポート

VRMとは、3Dモデルデータのためのファイル形式です。VRM形式でファイルをエクスポートすることで、他のアプリでもモデルデータを使用することができます。

## vrmファイルの出力方法

vrmファイルは以下の手順で書き出すことができます。

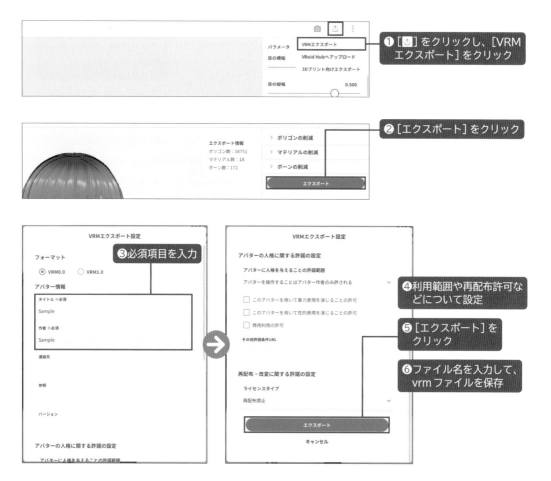

デフォルト状態は、アバターを使えるのは制作者のみ、データの再配布を禁止する、という設定になっています。第三者に使用許可を与える場合は、設定を変更しましょう。

出力したvrmファイルは、メタバースサービスのclusterやバーチャルキャスト、動画配信ツールやゲームなどのアバターとして利用できます。

vrmファイルをclusterで
利用している様子

## ファイルフォーマットのバージョンについて

ファイルのフォーマットは「VRM0.0」「VRM1.0」の2種類があります。アプリによっては、対応しているバージョンが異なるため、確認のうえ選択してください。

**VRMエクスポート機能について知りたい**
https://vroid.pixiv.help/hc/ja/articles/15760756822297

# VRoid Hubとは

VRoid Studioで作ったモデルは、VRoid Hubというサービスに登録して公開することができます。また、第三者が作ったモデルの閲覧やダウンロードもでき、登録したモデルはVRoid Hubと連携しているサービスやゲームで使用することもできます。

**VRoid Hub**
https://hub.vroid.com/

## VRoid Hubにモデルを登録する手順

VRoid Hubにモデルを登録するためには、pixiv（https://www.pixiv.net/）のアカウントが必要です。アカウントを持っていない場合は、アカウントを作成しましょう。

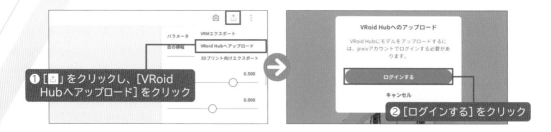

Webブラウザが表示されるので、表示される案内にしたがってログインし、認可コードを発行します。

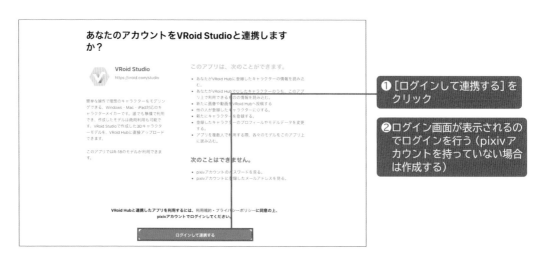

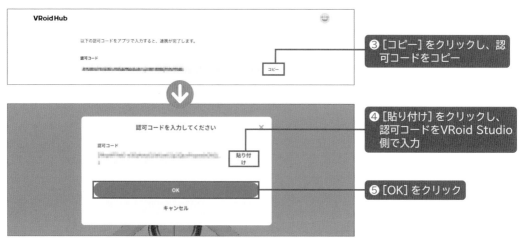

連携すると、アップロードするモデルの設定に進みます。モデルの設定では、タイトル（名前）、作者や、許諾範囲の設定を行います。

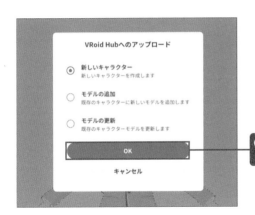

❶ [新しいキャラクター] を選択している状態で、[OK] をクリック

❷ 必須項目を入力

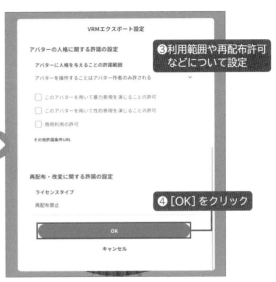

❸ 利用範囲や再配布許可などについて設定

❹ [OK] をクリック

　サムネイルに使用する全身とバストアップの画像を2枚撮影します。ポーズなどの設定は、撮影画面と同じです。撮影後、[アップロード] をクリックすると、VRoid Hub にモデルのデータが登録されます。

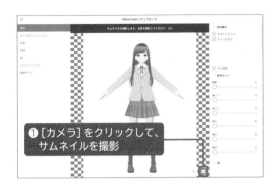

❶ [カメラ] をクリックして、サムネイルを撮影

❷ [アップロード] をクリック

アップロードが完了するとVRoid Hubのモデルデータを編集する画面が表示されます。P.241の設定は、次の画面で変更することも可能です。

❶ [非公開で登録] をクリック
（もしくは [登録して公開] を
クリック）

## CLIP STUDIOでのモデル活用方法

CLIP STUDIOでは、イラストやマンガなどの制作にVRoid Studioで作成したモデルを活用することが可能です。Ver.2.2以降のCLIP STUDIOは、vrmファイルをサポートしており、vrmファイルをキャンバス上にドラック＆ドロップするだけでインポートできます。

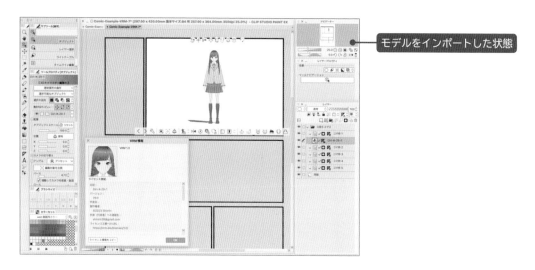

モデルをインポートした状態

CLIP STUDIO には、あらかじめモデルに設定できるポーズ素材が用意されており、選択するだけでインポートしたモデルにポーズを反映できます。また、モデルを関節ごとに細かく動かして、ポーズをつけることもできます。

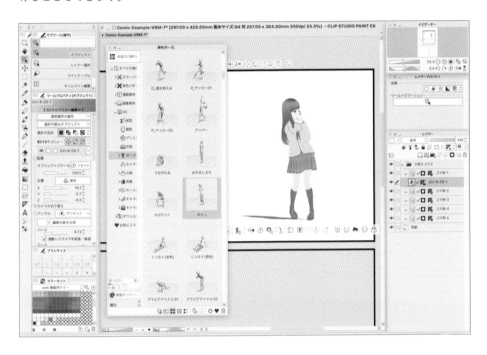

　ほかにもハンドスキャナー機能を使って、モデルの手の形を設定する方法もあります。ハンドスキャナー機能は、パソコンに内蔵されているカメラや、外部連携させたカメラを使って手の写真を撮り、写真の手の形をモデルに反映する機能です。

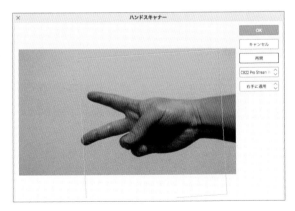
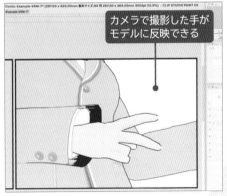

　なお、正式リリースされてはいませんが、人間の全身が映っている写真を読み込んで、写真の人物のポーズをモデルに反映させる機能もあります。正式リリースが待ち遠しい機能です。

ポーズ素材以外にも、3Dの小物素材を追加して、モデルに着用させることも可能です。アセットと呼ばれる素材は、下記のページから取得できます。

## CLIP STUDIO ASSETS

https://assets.clip-studio.com/ja-jp/

ヘッドホンを追加した状態

レンダリングや光源（光の当て方）など設定を工夫するだけで、さまざまなシチュエーションを作れます、例えば、逆光にすると夕方のような絵を作れます。

レンダリング設定

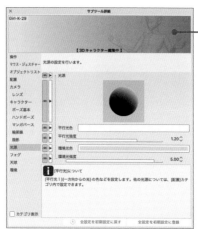

光源でモデルに当てる光を設定できる

# INDEX

## 著者プロフィール

### 中村尚志（なかむら・たかし）

1985年生まれ。千葉県出身。開成高校を卒業後、東京大学大学院新領域創成科学研究科を修了。フリーランス。得意の漫画イラストを活かしたオリジナルストーリーによるWebサイトの運営やiPhoneアプリの開発などを手掛ける。また、VRoid Studioによる3DCGの人物モデルの作成方法を中心に、VR機材の使い方、UnityによるVRコンテンツの制作方法などもWebサイトで解説中。

Webサイト：https://ShinrinMusic.com
X（旧Twitter）：https://twitter.com/shinrin_28

---

## スタッフリスト

| | |
|---|---|
| カバーデザイン | 沢田幸平（happeace） |
| 本文デザイン・DTP | 風間篤士（リブロワークス・デザイン室） |
| 校正 | 株式会社トップスタジオ |
| デザイン制作室 | 今津幸弘、鈴木 薫 |
| 企画・編集 | 内形 文（リブロワークス） |
| 編集長 | 柳沼俊宏 |

■商品に関する問い合わせ先

このたびは弊社商品をご購入いただきありがとうございます。本書の内容などに関するお問い合わせは、下記のURLまたは二次元バーコードにある問い合わせフォームからお送りください。

## https://book.impress.co.jp/info/

上記フォームがご利用いただけない場合のメールでの問い合わせ先
info@impress.co.jp

※お問い合わせの際は、書名、ISBN、お名前、お電話番号、メールアドレス に加えて、「該当するページ」と「具体的なご質問内容」「お使いの動作環境」を必ずご明記ください。なお、本書の範囲を超えるご質問にはお答えできないのでご了承ください。

● 電話やFAX でのご質問には対応しておりません。また、封書でのお問い合わせは回答までに日数をいただく場合があります。あらかじめご了承ください。
● インプレスブックスの本書情報ページ https://book.impress.co.jp/books/1122101075 では、本書のサポート情報や正誤表・訂正情報などを提供しています。あわせてご確認ください。
● 本書の奥付に記載されている初版発行日から3 年が経過した場合、もしくは本書で紹介している製品やサービスについて提供会社によるサポートが終了した場合はご質問にお答えできない場合があります。

■落丁・乱丁本などの問い合わせ先
FAX　03-6837-5023
電子メール　service@impress.co.jp
※古書店で購入された商品はお取り替えできません

# VRoid Studio ではじめる 3D キャラクター制作入門

2024 年 2 月 1 日　初版発行

著　者　中村 尚志

発行人　髙橋 隆志

発行所　株式会社インプレス
　　　　〒 101-0051 東京都千代田区神田神保町一丁目 105 番地
　　　　ホームページ　https://book.impress.co.jp/

印刷所　シナノ書籍印刷株式会社

ISBN978-4-295-01844-5　C3055

Printed in Japan